(3rd Edition)

運動產業概論

Introduction of Sports Industry

蘇維杉／著

三版序

　　近幾年來，經濟發展、競技運動與健康意識的興起帶動了運動商機與運動產業的發展，目前運動產業的發展可以分為兩大方向，一是和健康生活有關的運動服務體系，包含運動健身俱樂部、運動參與體驗、運動觀光等相關產業，另一個是和運動賽會有關的周邊產業，例如職業運動、運動媒體產業、運動經紀服務業等，而這兩大需求的產生，也同時帶動了運動用品製造的發展，使得運動產業成為一項世界各國的重要產業。然而運動產業的發展必須依賴良好的政治、經濟及社會文化環境，完善與充足的運動場館設施以及政府政策與資源的支持，除此之外，更重要的是專業人力資源的培育，因此透過運動休閒相關科系的專業訓練來培育運動產業經營管理人才是一個相當重要的培育管道，但是運動產業相關教材的匱乏，一直是運動休閒相關科系在課程安排與教師授課上的一大困擾，而《運動產業概論》就是在這樣的理念之下完成，希望本書能作為運動休閒相關科系學生認識運動產業的第一本書。

　　這是一本入門的教科書，專供大專院校體育或是運動、休閒管理相關科系學生課程所用，因此本書主要的目的在於讓相關科系學生認識運動產業這個領域，以及未來的就業市場及機會，台灣的運動產業在過去十年來運動產業的項目及產業商機正蓬勃發展，本書的出版對於台灣目前運動產業政策、規劃與發展，以及對於運動產業領域工作的專業人士，會有平行對應的參考價值。本書對於運動產業的各個領域都會作概論式的介紹，此次再版更新增了許多符合時事的焦點話題或是產業個案研究，因此本書的撰寫係基於上述的信念：讓更多體育或運動休閒管理相關科系學生認識運動產業，更進一步地投入運動產業這個市場，同時也為運動產業界培育更多具有熱誠的專業人力資源，希望藉由這些專業人力資源的投入運動產業，能夠為產業創造出創新的新生命，讓台灣的

運動產業更加蓬勃發展。

　　面對後疫情時代的來臨，全世界的運動產業皆受到了影響，更改變了人們的消費習慣與運動方式，哪些可能是疫情後熱門的運動產品呢？因此運動產業必須改變原本的經營與銷售模式，來爲未來龐大的運動商機做準備，此次《運動產業概論》一書的再版，是因應運動產業快速的變遷，更新了各章節的部分資料與內容，希望能增強讀者和學生對於運動產業時事議題的理解，因此必須感謝揚智文化事業總經理葉忠賢先生、總編輯閻富萍小姐以及所有工作團隊的協助，持續地肯定與支持運動產業領域的發展，讓運動產業的人才培育與學術發展更加健全，尤其當我們面對少子高齡化的人口結構競爭，高等教育人才競爭力和成敗的關鍵在於能否因應環境的變遷與市場需求，此時期盼本書再版之付梓，就可以爲運動產業的發展與人才培育，再次貢獻一份心力。

國立雲林科技大學休閒運動研究所

蘇維杉 謹識

目　錄

Chapter 1

運動產業這一行——
新世紀的明星產業

閱讀完本章,你應該能:

· 認識運動產業的基本概念
· 瞭解國內外運動產業發展的概況
· 知道運動產業的基本要素與市場規模
· 清楚運動產業的就業市場與就業機會
· 瞭解運動產業市場的發展潛力與趨勢

前　言

　　運動產業是國家經濟發展重要的一環，運動產業的蓬勃發展可以活絡經濟，提升競技水準，同時創造廣大的就業市場，而運動產業的發展，可以衍生出關聯性產業之附加價值，創造投資及就業機會，活絡經濟發展，因此美國、歐盟各國及日本等國民所得較高的國家均大力推動運動休閒產業。在美國以及全世界運動皆已成為一個巨大的產業。根據相關研究資料，2015年世界運動產業產值為1兆5,000億美元；而美國在2015年整體運動產業產值則為4,984億美元，較之2012年成長幅度高達14.5%（Ellis, 2016）。到了2018年，美國的運動產業規模達5,397億美元，幾乎接近台灣整年的GDP，而同年全球半導體產業約為4,680億美元，顯示美國的運動產業比全球半導體產業還要龐大（吳誠文，2020）。

　　事實上運動產業的範疇相當廣闊，除了人們所關注的大型運動賽會，如NBA、奧運會、世界盃足球賽外，其衍生出的相關行業包括了運動用品製造、運動媒體賽事轉播、運動用品零售、運動贊助與廣告、運動廣告、運動行銷等，也因此創造了龐大的就業市場與機會，顯示出運動休閒產業龐大的商機與發展潛力。然而從另一個角度思考，我們必須認識運動產業市場的組織結構與形成要件是什麼？國內運動產業的定義與範疇為何？運動產業又提供了哪些就業市場與機會？運動產業不同的就業市場需要什麼專業能力？不同運動產業的就業市場的發展潛力為何？這些都是運動產業專業人力資源的培育機構，甚至是每一位運動休閒相關科系學生都必須具備的基本認知，因此我們必須先瞭解運動產業的定義與範疇，接著知道國內外運動產業發展的概況，再進一步瞭解運動產業發展的趨勢與未來，清楚運動產業市場的就業機會以及專業人才供給現況，才能推估未來的人力需求，因此本章主要的目的在於思索和分析運動產業的形成要件與現況，瞭解國內運動產業的定義與範疇，以

及描述運動產業的發展趨勢與未來，運動產業這塊大餅究竟提供了哪些
就業市場與機會？同時分析目前運動產業的就業市場與就業機會，最後
讓大家共同思索運動休閒專業人力資源培育與市場供需的問題。

 # 第一節　運動產業的定義與範疇

一、運動產業的定義

　　在探討運動產業的發展之前，我們必須先瞭解運動產業的定義，
因為運動產業是為了提供人們休閒與運動的需求而產生，雖然國內外
的學者對於運動產業的研究與論述頗多，然而對運動產業卻一直沒有統
一的定義。事實上，運動產業的範疇相當廣泛，不同的學者經常有不同
的定義與分類，一般來說，運動產業包括兩大類：一類是運動器材與設
備的製造商與銷售商；另一類是運動活動參與和觀賞的服務。因此，以
產業類別來區分的話，運動產業同時橫跨了製造業與服務業兩個領域，
其產業型態大致可區隔成運動商品（sport goods）及運動服務（sport
service）兩大類。運動商品市場包括了運動服飾、運動鞋及運動健身器
材等子市場；而運動服務則包括了兩部分：參與型運動及觀賞型運動。
此外，運動服務所衍生的市場尚包括媒體市場、贊助與招待市場及運動
附屬市場等等。因此本文將運動產業定義為：「提供與運動相關的服
務、軟硬體產品、設施、場地及人力等的相關組織之總稱，其內涵包括
多樣化的運動產業項目，及其高度的產業關聯特性，換言之，凡是與運
動直接或間接相關的產業都是運動產業的一環。」

二、運動產業的範疇

　　而運動產業的範疇部分，由於國內外發展的現況並不相同，因此許多研究者的分析並不一致，就國內運動產業發展的現況而言，本文根據2017年修正公布的運動產業發展條例法規的內容，指出運動產業是指提供民眾從事運動或運動觀賞所需產品或服務，或可促進運動推展之支援性服務，而具有增進國民身心健康、提升體能及生活品質之下列產業：

　　1.職業或業餘運動業。

　　2.運動休閒教育服務業。

　　3.運動傳播媒體或資訊出版業。

　　4.運動表演業。

　　5.運動旅遊業。

　　6.電子競技業。

　　7.運動博弈業。

　　8.運動經紀、管理顧問或行政管理業。

　　9.運動場館或設施營建業。

　　10.運動用品或器材製造、批發及零售業。

　　11.運動用品或器材租賃業。

　　12.運動保健業。

　　13.其他經中央主管機關認定之產業。

三、運動產業的結構

　　除了上述的定義與範疇外，也有許多學者把運動產業的結構區分為核心產業、周邊產業及水平產業，其內涵分別敘述如下：

(一)核心產業

指的是運動商品的生產源起，任何運動的進行多是以肢體活動的型態呈現，因此許多運動組織或是健身機構都可算是核心產業成員，例如，各種單項運動總會及協會（如國際足球總會）、職業性運動組織（如美國職棒大聯盟）以及各種與健身運動相關的企業（如WORLD GYM）等。

(二)周邊產業

指的是協助各項運動進行或是提供運輸硬軟體媒介服務，如運動用品及器材的製造與零售業、運動設施業、各種運動傳播媒體及經紀服務業等都是周邊產業。

(三)水平產業

其他與運動相關聯的產業，例如：製造業與服務業、運動觀光、運動醫療及運動文創等都屬於水平產業。

因此政府要推動運動產業之前，瞭解運動產業的結構以及與其他產業的垂直與水平關聯有其必要性，例如：職業運動與大型運動賽會等觀賞性運動市場的成長，可以帶動運動傳播媒體及運動經紀行業，而路跑馬拉松、自行車活動等參與性的運動項目也帶動了運動用品製造業的需求以及運動觀光產業的發展，此外，運動與許多文化活動之結合，如各項運動主題電影、運動書籍或是運動文物等，也都形成運動文創產業的基礎（體育署，2015）。

 第二節　運動產業的發展概況

今日的運動產業已經形成一個關聯產業，創造龐大的經濟產值，同時也成為全球化的趨勢。根據Plunkett Research在2018年的調查研究指出，光是美國在2018年整體運動產業產值就高達5,397億美元（葉公鼎、蕭嘉惠、王凱立，2019）。在台灣近年來民眾運動參與風氣興盛，路跑、單車等各項運動賽事、運動觀光產業發展、健身中心也隨著健身人口增加而大量設立，加上政府舉辦各項國際賽事，帶動運動周邊關聯產業的發展，凸顯出我國運動產業經濟規模與產值之成長動能，未來應呈現樂觀的成長趨勢。

一、台灣運動產業發展概況

根據國際調查機構Plunkett Research的資料顯示，全球每年的運動休閒相關產業總產值高達約1兆5,000億美元。台灣運動產業的生產總額推估約達新台幣1,883億元，若加上關聯產業則可達到2,676億元。國人平均一年在運動相關消費的支出高達5,220元；其中台北市是消費力最高的城市，平均每人每年運動消費金額高達9,995元（陳冠諭，2020）。

而根據體育署的年度運動消費支出調查中，運動產業的範圍主要包含運動製造業、運動營造業及運動服務業。其中在運動服務業的總產值逐年上升，從2012年的1,200億元，到2016年上升到1,417億元，國人年平均運動消費金額，也從2013年每人平均為5,666元，增加到2018年的7,334元，此外，因國民運動中心的興建及運動健身產業的快速發展，民眾到健身房付費運動的比例也明顯提升，個人在運動上的消費金額也持續成長，顯示國人越來越肯定運動對健康的效益以及運動產業的快速成長（高俊雄，2019）。

　　根據統計資料顯示，我國107年整體運動產業總收入為9,643億元，十二大類別中，占總收入最大比重的為運動用品或器材製造、批發及零售業，約為80.55%，運動場館或設施營建業則以7.48%排名第二，運動博弈業位居第三，比重為4.79%，其次依序為電子競技業、運動保健業、運動經紀、管理顧問或行政管理業。而在廠商家數部分，107年整體運動產業廠商家數為24,833家，十二大類別中，占總家數比重最高的為運動用品或器材製造、批發及零售業，約為73.11%，運動場館或設施營建業則以8.80%排名第二，運動博弈業位居第三，比重為4.85%，其次依序為運動休閒教育服務業、運動保健業、電子競技業，在各類別中，表現最佳行業為運動休閒教育服務業，增幅高達18.37%，運動經紀、管理顧問或行政管理業則以11.26%的增幅居次，第三則為運動保健業，增加8.18%（連文榮，2020）。由上述的統計資料可以瞭解國內運動產業的規模與發展現況。

二、世界各國運動產業發展概況

　　除了美國整體運動產業一年的產值就高達5,397億美元外，以下也簡要介紹日本、中國大陸以及英國運動產業發展的概況，來瞭解世界各國運動產業發展的模式。

　　日本負責運動業務的主管機關為「體育廳」，其運動產業發展的策略為，將運動視為一項產業，並且透過舉辦大規模的國際比賽，來提高與運動相關的消費和投資，促進運動產業的發展。日本政府在2016年制定「日本再興戰略」中提出政策目標，將運動產業列入成長產業之一，要將國內運動產業的市場規模從2015年的5.5兆日圓至2020年提高到10兆日圓，由於運動產業與醫療、健康、觀光、製造業及資訊產業等均有緊密的關聯，因此與運動產業相關的運動觀光業、運動醫療業、運動IT業、運動保險業、運動建築業等領域，都納入估算範圍。根據2019年公布的「2018年日本運動衛星帳」的資料顯示，日本運動產業的產值2014

年約9.4兆日圓，2015年約9.6兆日圓，2016年約9.7兆日圓，占其國內生產毛額（GDP）比重1.41%，與前一年相比增加1.89%。這份報告也強調，日本運動產業規模的成長，是由政府運動產業的推動政策，以及民間運動產業的本身發展等兩方面所共同促進。而隨著少子高齡化社會來臨，雖然預期各種產業的市場規模將縮小，但是運動產業在未來日本政府積極辦理大規模國際性運動賽事的策略下，將是少數可以持續成長的產業之一。

在中國大陸運動產業發展的概況部分，根據中國大陸國家體育總局的定義，將體育產業定義為：「為社會提供各種體育產品（貨品和服務）和體育相關產品的生產活動的集合」，並將其運動產業分為十一類，包括：(1)體育管理活動；(2)體育競賽表演活動；(3)體育健身休閒活動；(4)體育場地與設施管理；(5)體育經紀與代理、廣告與會展、表演與設計服務；(6)體育教育與培訓；(7)體育傳媒與資訊服務；(8)其他體育服務；(9)體育用品及相關產品製造；(10)體育用品與相關產品銷售、出租與貿易代理；(11)運動場地設施建設等。而中國大陸的相關資料數據，則是依據「2018年全國體育產業總規模和增加值公告」中指出，中國大陸2018年運動產值約4,000億美元，占國內生產總額比重1.1%；與上年相比增加6.1%。報告強調，有鑑於運動大環境快速變化，包括全民健身、運動競賽、運動產業等活動快速發展，因此運動產業內容和領域也不斷擴充。

而英國部分，英國主管運動事務的主管機關為數位、文化、媒體與運動部（Department for Digital, Culture, Media & Sport，簡稱DCMS），其運動產業經濟規模估算的計算基礎為附加價值毛額（Gross Value Added, GVA），英國針對運動產值的估算方法，主要有兩套系統，一是根據英國標準產業分類代碼（SIC code），將運動產業分為四大類，包括：運動用品製造業、零售業，運動用品租賃廣告業，運動健身設施，以及運動場所。二是根據歐盟認定的方式，範圍較廣，將其他產業與運動相關的部分也納入計算，如運動節目等，稱之為「英國運動衛星帳」

（UK Sport Satellite Account）。而根據DCMS於2020年公布的「DCMS 2018年經濟產值估算報告」，2018年運動部門GVA達210億美元，2019年運動相關就業人數達56.3萬人。另外在運動衛星帳基礎下，英國2018年運動部門GVA達630億美元，運動相關就業人數達1,200萬人。不過由於英國的運動產業發展已漸趨成熟，因此歷年產值的變動幅度並不大（連文榮，2020）。

 ## 第三節　運動產業發展的基本要素與市場規模

　　運動產業是未來產業發展的一項明星產業，但是運動產業的發展與市場規模的大小還是需要許多條件的配合，以下分別說明之：

一、運動產業發展的基本要素

　　歐美和日本許多國家的運動產業之所以能夠健全和蓬勃發展，基本上需要以下幾項條件的配合：

(一)政策的推展與協助

　　任何一項產業成長的動力與助力，在產業發展之初，政策的支持與推展是相當重要的，因此運動產業要健全發展，政府必須透過運動產業政策的制定，來直接或間接的協助運動產業發展。

(二)充裕的專業人力資源

　　專業的人力資源是任何一項產業健全發展的根本要素，依照國內運動產業發展的現況，需要有下列的人力與專業人力資源，包含運動科學（研發與訓練）、運動休閒管理（產業經營）、運動教育類（教育與推

展）、運動競技類（運動選手與賽會）、運動行銷類、運動媒體類以及一般休閒類（產業推展與經營）。唯有充分的提供上述各類專業人力資源，國內各項運動產業才能發展與提升品質。

(三)運動競賽與賽會

運動賽會的舉辦是運動產業發展的重要關鍵之一，因為運動賽會除了可以提供一個提升競技運動水準的機會與場所外，另一方面運動賽會本身也會創造許多經濟價值和周邊效益，可以創造許多直接和間接的效益，尤其隨著經濟的成長、全球化與國際化的影響，現代運動賽會的舉辦，通常具有大規模的特點，因此無論其投入賽會舉辦的資金或資源，或者是賽會所創造的經濟效益，對於運動產業的發展都是相當重要的。

(四)運動場館與設施

運動場館是進行運動訓練、運動競賽、休閒運動及比賽觀賞的專業場所，因此運動場館的種類數量與經營管理和人們的生活是有密切相關的。運動場館是運動產業發展的基本要素，同時也是運動產業獲利的工具，唯有提供充分的各類運動場館與設施，人們才能參與運動，運動人口的多寡也會決定運動產業發展的規模。

(五)運動贊助與資源

在商業化的市場中，資金決定了產業發展的規模，因此也是產業發展的關鍵要素，因為運動產業中許多的生產要素，如運動場館設施與設備、活動與賽會的舉辦、廣告行銷的經費等都需要資金的挹注，因此政府必須編列充裕的經費預算，來配合政策的執行，而民間企業需要籌募資金來經營。資金來源包含市場集資或來自銀行的融資，因此資金與經濟資源是一個重要的條件。

二、影響運動產業市場規模的要素

運動產業市場的規模大小，取決於運動消費人口的數量，加上運動消費慾望以及運動消費水平的總合，以下簡要說明這三個要素：

(一)運動消費人口

指的是購買運動產品或服務的人，包括了觀賞型的運動消費人口，如觀賞運動競賽或職業運動；運動產品消費者，如購買健身器材、運動鞋和運動服裝；以及參與型的運動消費者，如親自參與運動或課程的消費者。

(二)運動消費慾望

指的是對於運動商品或服務的潛在消費需求。一般而言，教育和經濟水平較高的地區，因為對健康、運動與休閒較為重視，因此對於運動消費慾望會比較強烈，要拓展產業市場，透過行銷手法來刺激消費慾望是一種重要的方法。

(三)運動消費水平

指的是運動消費的數量。一般而言，運動消費水平最能顯示出運動產業發展的現況與潛力；同時，運動消費水平通常也和國家或地區的經濟發展有密切相關，國民所得較高的國家，其消費水平將明顯高於所得較低的地區。

以上三個要素共同構成運動產業市場和規模，三者之間必須相輔相成，因為如果一個地區運動消費人口眾多，但是消費能力和消費水平卻很低的話，對於運動產業的發展依然是沒有幫助的；或者雖然具有消費

能力卻沒有消費慾望，那麼還是沒有實質的消費，對於產業市場的擴大依然沒有幫助。

 ## 第四節　運動產業的就業市場

　　我國運動產業的市場，事實上是以運動用品製造業的發展為最早，從1970年代迄今都一直占有重要貢獻，例如自行車、健身器材、球拍球具、運動鞋等。這些製造業大都是從委託代工為主，接受歐、美、日本等企業委託製造後外銷，漸漸的才慢慢有自創品牌，同時隨著運動製造業的發展以及運動人口的增加，逐漸的也帶動國內批發零售服務業的蓬勃發展。無論是各項運動用品專賣店或是百貨公司專櫃，都帶動許多運動產業的商機。同時，隨著休閒運動種類的多元化以及參與人口的增加，運動指導、運動俱樂部的需求隨之增加。此外，除了參與性人口增加外，觀賞性的運動人口也隨之增加，從早期NBA的電視轉播到職業運動的現場觀賞，也帶動了國內職業運動的發展，而大型運動賽會籌辦與運動行銷和公關公司也隨之發展。

　　就運動產業的發展現況來說，已經相當的多元化，同時包含了各種不同產業類別與型態。因此運動需求所衍生出的相關產業，其面向其實是很多元的，許多看似和運動產業屬性不同的產業，皆因運動的需求而發展，例如：製造業中的運動用品製造業、紡織業中的運動服裝、營建業中的運動場地設施的興建，都因運動的成長與需求增加而發展，因此運動產業都是藉由健康與運動的蓬勃發展而衍生出來的。然而運動產業是如何形成的？提供了哪些就業市場與就業機會，則必須先認識與定義什麼是運動產業？一般而言，運動產業分為參與性運動商品、觀賞性運動商品、運動技術產品及運動贊助服務等四大類別。參與性運動商品指的是提供消費者參與的機會，如運動旅遊、各項運動組織所提供的運動參與機會；觀賞性運動商品則是參與性運動商品的延伸，提供消費者觀

賞的機會，如職業運動比賽、運動觀光旅遊；運動技術產品是指改善運動環境以提升參與者的運動技術水準，如運動場館建築、醫療服務與器具、運動設備、器材與服裝、體適能諮詢服務等；最後則是運動贊助服務，包括企業投入資源促銷運動，用以提倡運動風氣及促銷企業的產品或服務，如廣告、轉播權利金、促銷商品、促銷活動、運動贊助、運動員贊助等等。

　　由上述分類可以得知，運動產業的內容相當廣泛，包括各種運動導向的產品，這些產品提供了包括體育活動、體適能、娛樂或休閒活動及相關產品與服務，不過在上述的分類中，許多類別的就業市場在國內並不存在或是產業規模極小，並未提供太多的就業機會來容納近年來成立的運動與休閒相關科系的畢業生，例如：在美國，對各項運動的專業裁判，提供了許多高報酬的就業機會；在台灣，除了少數職業運動外，以運動裁判為主要工作的就業人口並不多。此外，國內的運動博奕業、運動歷史文物業、名人堂或者是社區運動公園及場館，並沒有提供真正的就業市場，上述的分類中也並不必然提供了就業機會給運動與休閒相關科系的學生，例如：在台灣運動用品是屬於製造業，運動服裝是屬於紡織業，運動建築與設施是屬於建築業，在上述的企業及人力需求上，或許並不需要運動或休閒的專業人力資源，就算將其廣義的歸類到運動產業，對於體育相關科系的學生並沒有提供太多的就業機會，這是值得我們深思的議題。

　　此外，上述所列舉之運動產業相關的就業機會，並非要侷限運動產業的就業市場，也無法涵蓋所有的運動產業，事實上，運動產業與就業機會是需要更多人去開發的，例如在過去並沒有運動行銷公司，也沒有攀岩學校或是戶外探索學校，然而國內在近年來卻蓬勃發展，由此也可以發現產業變遷的現實，甚至相同的一項運動產業，也會演變出不同的產業型態，顯示出運動產業是會隨著社會環境的改變而會有不同的發展。因此我們可以發現，運動產業仍然存在著夢幻與現實色彩，未來可能會出現各種大型或小型的運動產業公司，大型企業如運動仲介公司

（與運動相關產品或服務的仲介工作）、運動研發公司（開發各種課程、教材、運動器材）、大型的連鎖品牌的運動育樂公司、幼兒體能教室或補習班；小型的企業如各項新興休閒運動的指導人員、販售健康的健康概念車、小型的運動表演團隊、各項運動器材租賃或專賣店等等，都能夠為不同的專業人才提供相當龐大的就業市場與就業機會。

2020台灣運動產業博覽會

　　2020運動產業博覽會於7月17日在台北松山文創園區及台北文創文化廣場開幕，活動是由教育部體育署及台北市政府共同主辦。今年博覽會主題為「撼動未來，Moving the Future」，主軸為「運動與科技」，將運動產業融合科技技術，博覽會的主場地分為「運動日常」、「運動專業」、「撼動館」、「未來館」（含一館及二館）及「電競及多功能館」五大展區，占地超過1,800坪，展示各種多元運動產業風貌，同時也搭配戶外活動，藉此展現各運動產業之多樣性、聚集相似的運動產業群，以提升經濟效益。

　　7/17~8/9博覽會期間總計品牌沙龍舞台、多功能館及戶外運動廣場舉辦了超過90場大小活動，類型豐富多元，從論壇講座、展演示範、體驗、賽事等，24天展期累計超過16萬人次觀展，可以說是全台有史以來最大規模運動產業盛會。因此若能親自前往參觀，將更能瞭解台灣運動產業發展的現況與趨勢。

第五節　運動產業市場發展趨勢與潛力

　　展望未來，我們可以樂觀的期待運動產業的發展潛力，然而也有許多的困難是需要我們去克服的，以下分別說明運動產業的發展潛力以及我們需要努力的方向：

一、運動產業發展的潛力

　　若是參考世界各先進國家運動產業發展的模式，未來國內運動產業市場的發展，有許多理由是可以讓我們正向期待的：

(一)教育水平和經濟收入的提升

　　教育水平和經濟收入的提升，使人們對運動健康與休閒的消費價值觀與消費能力亦隨之提升，並促進運動產業的蓬勃發展，從國內GDP的持續增長和消費力的增加，可以預期為運動產業發展提供一個必要的經濟基礎。

(二)需求和消費結構已經逐漸改變

　　現代人重視運動休閒與健康的追求，已經慢慢變成一種普世的價值，因此未來對運動的需求與消費將產生一種結構性的改變，也將為運動產業發展創造更多的可能性。

(三)產業結構的調整與升級

　　由於產業結構的調整與升級，讓我國服務業的產值超越了製造業，因此未來運動產業將逐漸朝向產品與服務的創新與升級，而在這個結構性的

轉變過程中,一個主要的關鍵性因素便是專業化的人力資源,將決定產業發展的方向,此外,產業的升級也將創造更多關聯產業市場的就業機會。

(四)全球化趨勢

全球化的趨勢將造成知識與資訊的快速流動,人們對於運動休閒的需求將與全球同步,換言之,運動產品與服務的品質也將被賦予更高規格的期待與要求,而產業的發展也將邁向全球化。

由上述的說明可以得知,運動產業將成為21世紀一項重要的產業,觀察美國、日本和歐洲等先進國家的發展經驗可以推測,運動產業在台灣將有無窮的發展潛力。

二、未來努力的方向

運動產業的發展是需要所有人共同努力的,無論是政府或產業界都必須要攜手合作才能創造產業的蓬勃發展。因此未來有以下可以努力的方向,首先,政府要全力支持運動產業發展,尤其是大型運動場館設施興建與專業人力資源培育都必須靠政府投資支持,此外,對於民間運動產業應給予適當支持,如減免稅賦、優惠貸款等。尤其我國目前許多產業都處於一個產業結構高速轉換時期,這一時期面臨兩大任務,一方面要利用大量的資源、資金、資本技術支持產業結構升級,另一方面要透過大量的資本投入,改造傳統產業,因此無論資金或政策的配合,都是運動產業發展的重要關鍵。

其次,政府應從產業政策上鼓勵民間私營企業投資運動產業,特別是一些便於市場化經營的項目。因此,產業發展的政策導向應該是由政府發展競技運動,社會、企業發展大眾休閒運動,產業結構才能配合。

第三,政府應該大力培養和扶持大型的運動產業,以此帶動運動產業的發展,目前國內和運動產業相關的上市公司大多是運動用品製造

業，因此應該在相關休閒運動產業中尋找一些效益高、有發展潛力的企業，協助它們上市籌集資金，同時帶動產業發展。

最後，鼓勵產學合作與研發創新，運動產業要進步與發展，必須借助高科技，透過與科技的結合，可以開發許多新產品，無論是競技或休閒運動都需要更多的創新與科技。

結　語

運動產業隨著社會變遷而誕生與發展，國內高等教育的人力資源培育機構也因應這個產業的發展而增設了許多休閒運動相關科系，希望能夠培育更多的專業人力資源來投入市場，然而就運動產業和就業市場而言，我們更應該思考的是──什麼是台灣的運動產業？這些運動產業有哪些就業機會與市場？投入運動產業市場需要什麼專業能力？然後高等教育再依據專業能力的需求來規劃師資與課程，最後還需要規劃專業證照與在職進修的制度，整個產業市場和專業人力才能互相搭配。近年來國內雖然成立了相當多的運動休閒相關系所，然而這些系所之間的區隔並不明顯，換言之，不同系所培育出的專業人力資源，應該依據其專業領域類別，規劃不同的專業課程，所訓練出的專業人力資源應該投入不同的運動產業及就業市場，例如：運動競技相關科系的畢業生應該就其專業投入職業運動或是運動教練的行業；運動教育相關科系的學生可以從事體育教師、幼兒體能教學；休閒運動管理相關科系可以從事休閒運動指導員及場館經營管理等工作。然而目前專業人力投入運動產業的困境依然存在許多問題，諸如：對於運動產業的定義無法建立共識、我們所定義的運動產業並無法提供就業機會給休閒與運動相關科系的畢業生、我們的專業人力不具備產業界所需要的專業能力，甚至培育專業人力的科系，其課程規劃本身就無法滿足產業界的需求，當然我們真心期望運動產業就業的步驟，能夠真正受到所有老師與學生的重視，如此對於運動產業的發展才有正面的助益。

 問題與討論

一、你是否知道你所居住的社區或城市有哪些運動產業？它們經營的
　　情況如何？請把它們所提供的產品或服務寫下來，並說明其未來
　　是否有發展潛力。

二、因應運動產業發展的趨勢，國內高等教育也紛紛成立相關科系培
　　育人才，你認為未來最夯的就業市場是什麼？

吳誠文（2020）。〈AI時代的智慧科技與運動產業〉。《工業技術與資訊月
　　刊》，344，4-7。

高俊雄（2019）。〈台灣體育運動政策發展之回顧與前瞻〉。《國民體育專
　　刊》，2-13。

連文榮（2020）。《推估試算我國106及107年度運動產業產值及就業人數等研
　　究案》。台北：教育部。

陳冠諭（2020）。〈推動運動觀光與運動新創、加速亞太區域運動產業發
　　展〉。《台灣經濟研究月刊》，43(5)，54-59。

葉公鼎、蕭嘉惠、王凱立（2019）。〈運動產業──幸福經濟、運動體現〉。
　　《國民體育專刊》，114-141。

體育署（2015）。「運動職業化發展計畫」期末報告。教育部體育署。

Ellis, D. (2016). Sport Brands and Consumers. *The SAGE Handbook of Sport Management*, 345.

Chapter 2

體育運動政策與運動產業

閱讀完本章,你應該能:

· 瞭解體育政策與產業政策的定義和內涵

· 瞭解國內體育運動政策規劃的發展

· 理解體育運動政策對於運動產業發展的影響

· 知道運動產業發展的關聯政策

前　言

　　在台灣，運動產業政策的發展是相當晚近的事，一直到體委會成立後，政府才開始重視運動產業的發展，因為早期政府施政主軸在於體育運動政策，因此，在政策制定與推展上還是偏重全民運動與競技運動的發展。然而隨著國際經濟與運動產業發展趨勢，結合市場資源帶動經濟效益，已成為全球化的趨勢，因此體育運動政策也必須朝向運動產業政策的發展（教育部，2017）。因此，檢視過去台灣體育運動政策的歷史發展，一方面可以揣摩當時政治經濟與運動發展的概況，另一方面也可以發現全民運動與競技運動的推展奠定了運動產業發展的基礎與策略，因此本章的重點在於闡釋體育政策與產業政策的意涵，同時透過幾個與運動產業發展相關的體育政策作為範例，來說明政策對於全民運動、競技運動和運動產業發展的影響，最後則是提供幾個運動產業政策未來發展的方向，作為政府政策制定的參考。

第一節　體育政策與產業政策

　　由於過去並沒有明確的運動產業政策，因此當我們探討政策對於運動產業的影響時，就必須從政府的體育運動政策開始探討，因為體育運動政策帶動了全民運動與競技運動的發展，另一方面全民運動與競技運動同時也是運動產業發展的基礎，因此探討政策對運動產業的影響，便顯得特別有意義。以下分為三部分做探討：一是體育法規與政策的意義與內涵；二是產業政策的意義與內涵；第三部分則簡單介紹幾個國家重要的運動產業政策概況。

一、體育法規與體育政策

(一)體育法規

　　法規是指「法律」與「行政規章」的通稱；法規具有位階性，一般而言，法律不得牴觸憲法，命令不得牴觸憲法或法律，下級機關訂定的命令不得牴觸上級機關的命令，因此就效力而言，憲法位階最高，其次為法律，再次為行政命令，其位階整理如**表2-1**（楊正寬，2000）。

表2-1　現行法規位階圖

位階	名稱	制定機關	形式
I	憲法	（國民大會）	憲法、臨時條款、增修條文
II	法律	立法院	法、律、條例、通則
III	中央行政規章	中央行政機關	規程、規則、細則、辦法、綱要、標準、準則
IV	地方自治法規	直轄市、縣市政府	自治條例，其餘同上

資料來源：楊正寬（2000）。

　　而體育法規之訂頒，不僅在規範體育政策之實施，同時也在確保體育政策實施的品質，可見體育法規具有雙重之功效，在消極方面，它設定了最低的條件限制，提供體育政策之基本標準需求，保障體育政策實施的品質；在積極方面，它引導體育政策之發展方向，並提供體育政策發展之目標（洪嘉文，2002）。體育法規的種類包括了體育法律與體育命令，而依據中央法規標準法規定，法律得定名為法、律、條例或通則；各機關發布之命令，得依其性質稱規程、規則、細則、辦法、綱要、標準或準則。**表2-2**則舉例說明體育法令的種類與區分。

運動產業概論

表2-2　體育法規的種類與區分表

種類		區分	範例
體育法規	體育法律	法	「國民體育法」
		律	體育法令尚未有以「律」稱呼者
		條例	「行政院體育委員會組織條例」
		通則	體育法令尚未有以「通則」稱呼者
	體育命令	規程	「行政院體育委員會法規委員會組織規程」
		規則	「高爾夫球場管理規則」
		細則	「國民體育法施行細則」
		辦法	「高山嚮導員授證辦法」
		綱要	「國民教育階段九年一貫健康與體育課程暫行綱要」
		標準	「國民小學與國民中學班級編制及教職員工員額編制標準」
		準則	「全國大專校院運動會舉辦準則」

　　體育法律與體育命令之差別，主要有制定機關、制定程序、適用範圍以及法令效力的不同，然而唯有完善的體育法令，才是規劃體育政策的依據，同時也才能確保體育政策的實施品質。

(二)體育政策

　　除了上述的體育法規之外，政策也是影響體育運動發展的重要影響因素，所謂「政策」又稱為「公共政策」，其內涵相當廣泛。一般而言，政策指的是組織透過各種手段達成目的，往往擬定出各種「實施計畫」、「策略方針」、「組織目標和願景」等等，透過一定程序完成組織目標；換言之，政策規劃的目的是為瞭解決政策問題，採用科學方法，廣泛蒐集資訊，設計一套以目標取向、變革取向、選擇取向、理性取向、集體取向之未來行動替選方案的動態過程。

　　在界定政策的定義中最為簡單明確的是Thomas Dye（1978）：「指政府選擇作為或不作為的行動」。影響政策制定的要素包括：需求、供給和體制的分析。就民眾需求的角度，必須考慮他們的需求與期望，而體制則包括政府機關民間的投資與產業，供給指的是政府或民間所提供

的資源設施或是限制，而三者之間則是透過資訊和經營管理來作連結。

　　就體育政策制定的步驟而言，應該和其他的公共政策一樣，把握五個階段循序進行（楊正寬，2000）：

1.瞭解問題形成的階段。
2.政策規劃階段。
3.政策合法化階段。
4.政策執行階段。
5.政策評估階段。

　　一個國家的體育事業是否發達，其體育政策的規劃具有決定性的地位，然而我國自1980年代以來，經濟與產業開始蓬勃發展與轉型，同時也逐漸走向開發國家，爲何體育事業的發展仍未有滿意的績效？同時運動產業的發展和歐美及日本等國家相比，卻有一大段差距，因此體育政策的制定便值得探討。根據曾瑞成（1996）對於我國體育政策規劃過程的探討，其認爲我國體育政策的規劃過程，有以下幾點值得探討：

1.政策制定的模式仍以菁英理論模式爲主，由少數政府菁英規劃並做成決策，民間團體及產業界參與較少。
2.就體育政策問題的認定仍以推展全民體育和提升競技運動成績爲主。
3.政策的規劃缺乏整體性、連貫性與前瞻性，導致無法因應社會環境快速變遷。

　　從體育政策與法規之互動來看，政策與法規是透過行政部門來執行，而行政機關在政黨政治的環境下，是政黨政見的實踐，行政部門針對社會變遷的趨勢和民意的需求來制定政策與法規，有關法規部分則送由立法部門，包括一系列的法案和各項法令和授權行政部門訂定的行政命令，而政策執行的結果便成爲行政機關和政黨的績效，同時也透過回饋的機制，成爲未來政策制定和法規修改的依據。

二、產業政策的意涵與類型

(一)產業政策的意涵

在探討產業政策之前，必須先理解產業結構的定義，產業結構（Structure of Industry）係一經濟體系中，按照其經濟活動範圍分爲不同產業的各種生產活動。其目的不僅是能反映一國的產業組成與分布，其長期變化亦隱含著產業結構變遷及產業升級成效等重要的訊息，故常是產業政策走向的重要參考指標。在我們現在最常見的產業分類中，係指第一級產業或稱農業，第二級產業或稱工業，第三級產業或稱服務業。一般而言，產業政策指的是競爭市場結構之運作，在其運作機能發生障礙時，政府調整分配各產業間之資源，或干預特定產業內之產業組成，藉以提高經濟福利水準之政策。而產業政策則是國家或政府爲實現某種經濟和社會目的，以某種特定產業爲直接對象，透過制定政策的保護、扶植、調整等方式，積極或消極參與某個產業或企業的生產、經營、交易活動，以及直接或間接干預商品、服務、金融等市場形成和市場機制的政策總合。各國的產業政策往往會因現實的產業問題或考量國家整體產業未來發展，而有不同的選擇，此外也會因經濟制度、價值觀念、消費水平的不同，而有極大的差異。

產業政策在執行過程中，最重要的部分是產業結構政策，指的是政府所制定並推進產業結構轉換而促進經濟成長的各項政策，其中最具代表性的是新竹科學園區成立，推動高科技產業的發展，使得台灣產業結構產生根本的轉換，政府確定產業發展的順序與重點，依照一定的基準，確定優先發展的產業，再加以政府各項支持，例如減免稅賦或優惠貸款等方式，讓特定產業可以得到較快的發展。

綜上所述，產業政策可以定義爲：「國家或政府爲了實現某種經

濟目的，以產業爲直接對象，透過對產業的限制、扶植或保護等措施，直接或間接的干預產業商品、服務等市場形成或發展的政策總和。」因此，產業政策是政府協助產業發展的一種政策或施政方向，透過法令的制定或是政策的限制或協助，來處理產業發展所面臨的種種問題。

(二)產業政策的類型

隨著市場機能狀況的不同，一般而言產業政策可分爲三種類型：(1)培育及發展新產業型；(2)干預個別產業某特定活動型；(3)對衰退產業進行調整補助型。由上述類型可知產業政策的目的是：「一國政府對特定的產業給予保護、培育、改善其產業結構、實施企業救濟，以便達到促進經濟發展、經濟現代化、產業結構升級。」也就是由政府干預個別企業與產業的活動，且介入產品或生產要素市場的政策。其目的以維持地方區域經濟平衡發展、推動技術創新和促使夕陽產業振衰起敝，提高就業機會，加強國際競爭力。

因此產業政策所含括的範圍可以概分爲四部分：(1)一般產業政策（General Industry Policies）：主要的對象普及經濟體系內各產業；(2)部門別政策（Sector Specific Policies）：政策設計以經濟體系中某一特定部門爲對象；(3)產業別政策（Industry Specific Policies）：選擇某特定產業的發展政策；(4)企業別政策（Firm Specific Policies）：政府適度干預以彌補市場機能的不足。

政府在實施產業政策時，會透過許多的方式，來確保政策的有效實施，一般常見的方式可區分爲以下兩種：

1. 直接干預手段：爲避免過度競爭或保護某些發展中的特定產業，政府會依照相關產業發展的法令或制度，運用行政管制的手段對產業活動進行干預，例如高爾夫球場的開發在過去的特定時期，就受到政府政策相當大的影響。
2. 間接干預手段：指的是政府透過經濟或金融手段來對企業發展產

生引導的作用，例如國內促進產業發展條例中的許多租稅減免優惠或者是低利融資貸款等都屬之。

在上述的方式中，間接干預是比較常用的，同時對產業發展的限制性也較小。

因此政府在制定產業政策時，大多分為產業結構、產業調整和產業組織三個面向。產業結構政策指的是在預估未來產業結構會發生變化，因此政府制定誘導性政策，讓產業結構朝向政府所希望的方向發展；產業調整政策則是協助衰退產業重新發展，或化解產業結構改變中可能出現的問題；產業組織政策是透過政策設計與產業組織規劃，以期能維持市場秩序。因此就運動產業發展的政策而言，政府必須針對大環境的產業變遷，做出產業結構調整政策，從傳統產業逐漸轉型和調整產業結構，創造出有利運動產業發展的市場環境，然而就運動產業政策和運動產業本身的發展而言，政府和產業間的關係所涉及的面向相當複雜。

以國內產業政策的發展為例，較大的產業政策變遷是從農業轉變到工業，到1980年代實行「加速經濟升級，積極發展策略性工業」時期，而於加入WTO之後，不同的部門也不斷的推動產業轉型，例如農委會推動休閒農漁業、文建會推動文化創意產業等，都是產業轉型的例子，因此運動產業的發展，仍舊是需要政府制定妥善的政策來協助和加速運動產業的發展。

三、歐美各國運動產業政策

在歐美經濟體制較發達的國家中，運動已深深融入人們的日常生活中，因此和運動相關的產業也都蓬勃發展，運動產業政策亦成為國家經濟或產業政策的內容之一，以下則以美國、加拿大、德國和英國的運動產業政策，來瞭解各國運動產業政策發展的脈絡（曹可強，2004）：

體育署動滋券挺運動產業

面對新冠疫情對於運動產業的衝擊，體育署推出產業紓困方案政策，一方面從運動發展基金提撥20億元，發放400萬份每人額度新台幣500元的「動滋券」，鼓勵民眾於疫情趨緩後積極參與體育活動，使用於運動場館、觀賞運動賽事、參加體育活動、購買運動用品等相關運動產業，可以為振興運動產業發展，帶動新一波運動商機。截止109年12月30日為止，抵用金額超過15億元，交易金額更超過37億元，外溢的經濟效益，超過預期目標，成功帶動運動消費熱潮。

另一方面也針對受疫情影響的運動產業業者，提出紓困方案，截至109年12月30日為止，累計核定運動產業事業1,865件，金額共約3.6億，其中「運動場館業」紓困件數與金額最高；核定從業人員814件，核定金額共3,937萬，人員部分則以「運動休閒教育服務業」居冠，體育署透過發放「動滋券」等相關振興措施，擴大運動消費，有效的協助運動事業度過疫情難關，由此可見體育運動政策對於運動產業發展的重要性。

(一)美國的運動產業政策

美國是世界職棒運動最發達的國家，而職業運動的蓬勃發展，也帶動周邊運動產業的發達，因此在產業結構政策中，職業運動產業可說是運動產業中的主導產業，因此美國運動產業政策，有極大部分給予職業運動一些其他產業所沒有的特殊政策支持。因為職業運動的運作要涉及大量的法律規範，包括稅收、版權、電視轉播權、移民法、彩券法等方面，因此美國運動產業政策整體來說和「反壟斷法」、「勞工法」、「稅法」和「版權法」四個面向的公共政策和法律關聯最密切。

(二)加拿大的運動產業政策

加拿大自1980年代中期,為因應緊縮的政府開支的政策,因此規範各級政府體育運動組織預算的50%,其餘部分必須由組織自籌經費,使得各單位不得不努力拓展產業市場,間接帶動市場發展,此外也在1981年宣布設立運動彩券,所得資金用以發展藝術文化、醫療健康與體育研究。在運動市場的保護措施部分則是在1985年制定通過競賽法,目的是防止職業運動員過度流動,保護加拿大的運動人才市場。

(三)德國的運動產業政策

德國聯邦政府設有一整套運動產業發展的優惠政策,包括非營利運動組織的減稅政策、運動彩券政策、商業性運動企業發展政策等。在非營利運動組織部分,政府不但減免稅收,甚至其組織20%的預算直接由政府支付,同時還可以免費使用公共運動場地。在運動彩券部分則規範所得收益的50%提供給各種體育運動組織。此外,德國亦鼓勵商業性運動企業的發展,包括私人的健身中心、重量訓練中心和體育學校等。

(四)英國的運動產業政策

英國對於運動產業政策的主軸是稅收的減免,並且鼓勵私人機構贊助運動事業。在英國,體育運動組織只要有擴大其活動範圍,場地設施向社會開放,就可以申請慈善身分,然後依據1958年通過的「娛樂慈善法案」減免稅賦。

第二節　體育運動政策發展與範例

　　以我國現行體育政策及施政重點可以從體育署的中程施政計畫，來瞭解過去的政策方向與重點，在過去體育署認爲，目前國內體育運動環境，有下列幾項是大家必須共同努力改善與發展的課題：

1. 運動促進健康意識亟待落實：如何指導民眾時時運動、處處運動，提升國民健康意識，保障身心障礙者運動權益，降低參與運動結構上的障礙，養成民眾規律的運動習慣，是施政的重要課題。

2. 競技運動實力亟待提升：未來必須積極、有效且迅速提升競爭實力，掌握國際競技運動趨勢的變化，廣泛布局各項競技運動，有效提升我國競技實力。

3. 優質運動環境需求日增：近年來國人對運動環境之需求已隨休閒時間增加、國民所得提高、健康促進觀念的興起及生活品質提升之訴求等因素而日益迫切。因此，政府相關機構更應積極從事開發休閒運動場地設施的計畫與方案。

4. 國際體育交流功能日趨重要：國際綜合性運動賽會一向是全球矚目的焦點，成功申辦國際綜合性運動賽會，具有廣大宣傳效益，因此申辦國際綜合性運動賽會一直都列爲重大施政政策。

5. 體育運動發展亟待民間資源挹注：政府體育經費不足係長期以來存在的問題，目前體育建設均仰賴政府統籌支應，惟因政府財政日趨短絀，是以營造國內運動產業良好的經營環境，建立一推動產業長期發展及一貫性的獎勵與輔導政策，藉以吸引民間資源參與體育事業，是目前亟需規劃推動的重點工作。

以下我們將焦點集中在「運動i台灣」105至110年全民運動推展中程

計畫（**表2-3**）這個體育運動政策範例，透過這個政策範例可以瞭解政府推展體育運動的施政主軸，以及政策對於運動產業發展的影響。

表2-3　「運動i台灣」105至110年全民運動推展中程計畫

> 台灣近年來的體育運動政策推展，陸續在1997年起，推動「陽光健身計畫」、「運動人口倍增計畫」，2010年起，以中程計畫推動為期六年的「打造運動島計畫」，讓規律運動人口比例逐年提升為33%，顯現我國全民運動政策之推展，已有一定成效。而打造運動島計畫於2015年完成階段性任務後，接續最重要的政策是「運動i台灣」105至110年全民運動推展中程計畫。
> 而「運動i台灣」政策的總目標為透過中程計畫之推動，促使國人達成《體育運動政策白皮書》全民運動章「運動健身、快樂人生」之目標。計畫的內容提出四項專案做法，包括「運動文化扎根專案」、「運動知識擴增專案」、「運動種子傳遞專案」和「運動城市推展專案」等專案之推動，期望能落實全民運動推展之基礎。
> 「運動i台灣」計畫為六年期之中程計畫，計畫期程自105年起至110年止，所需經費新台幣24億元將由教育部體育署於各年度獲配預算支應（體育署，2015）。

 ## 第三節　體育運動政策對運動產業發展的影響

　　政府的產業政策會直接或間接的影響產業的發展，透過政策的協助更可提升產業的競爭優勢，尤其具有關聯性的政策領域會影響到不同項目的運動產業發展，以下分別敘述體育運動政策與運動產業發展之關聯，以及運動產業政策規劃的趨勢與方向兩部分來做說明：

一、體育運動政策與運動產業發展之關聯

　　體育運動政策的推展對於運動產業的影響是多面向的，無論是全民運動、競技運動、運動競賽或是運動環境的建構，都會對運動產業的發展產生關聯性，大致可以歸納成以下幾點：

1. 推動全民健康體能：可以促進國人健康意識的抬頭，同時也因為
   健康與運動的需求增加，使得相關運動產業（如體適能健身俱樂
   部）得以蓬勃發展。

2. 強化運動競技實力：可以提升運動賽會與運動員的競技水平，增
   加觀賞性運動（如職業棒球或職業高爾夫賽事）的可看性，使得
   運動觀賞人口大幅增加。

3. 建構優質運動環境：透過公共建設或公共投資來興建或改善運動
   場地設施，可以帶動國內內需產業的需求，同時也是運動產業發
   展的基礎條件。

4. 整合國家體育資源：可以充分利用國家和民間企業的資源，例如
   企業贊助運動賽會或選手，也是運動產業發展的重要助力。

5. 加強國際體育交流：可以積極爭取主辦國際運動賽會，達到推展
   全民參與或觀賞運動的目的，同時也可以提升競技水準達到運動
   產業發展的最終目的。

二、運動產業政策規劃的趨勢與方向

展望未來，運動產業政策的規劃與發展可以朝下列幾個方向思考：

1. 運動產業政策應整合擴大資源範疇，因此體委會在制定與實施運
   動產業政策時，應該思考如何充分運用政府跨部會與民間企業的
   資源，來共同推展重要政策。同時政策的制定應該因應社會變遷
   的趨勢，考量民眾和企業界的共同需求，達到政府與民間產業雙
   贏的目標。

2. 政策的實施必須評估實施的效益與績效，因為政策的執行必然是
   投入大量的人力、經費預算及資源，因此透過執行成效的評估，
   才能大幅提升政策推展的成效。此外，由於資源有限，因此政策
   必須整合運動領域之外的資源，包括休閒遊憩、觀光、文化等相

關領域，才能達到整合的效益。

3.政府應該興設基本運動設施，例如社區簡易運動場所興設、開放學校運動場地、規劃運動設施網及提升運動場館營運績效等，改善運動環境以滿足民眾運動的需求。同時積極鼓勵民間參與興建運動場館來推展各項運動並開創經濟價值。

4.體育運動專業單位應設計一套完整的行銷管道，鼓勵企業參與籌辦運動賽會及興建、經營運動場館，並刺激企業贊助意願，整合民間和企業的資源，達成雙贏局面。

5.全民運動與競技運動的推展是運動產業發展的基礎，然而過去發展最大的障礙是缺乏經費來源，因此政府應該協助制定政策，透過不同的社會資源來籌募體育經費與資源。

 ## 第四節　運動產業發展關聯政策

近年來面對全球化運動產業的蓬勃發展，體育署也積極制定相關法令與政策來協助國內運動產業的發展，其中以《體育運動政策白皮書》以及「運動產業發展條例」成果最為明顯，其政策法令的發展過程及重點分別說明如下：

一、《體育政策白皮書》

2013年教育部規劃《體育運動政策白皮書》時，將運動產業正式納入政府推動體育運動政策的一環，期許運動產業成為「打造幸福經濟的推手」，主要以：健全運動產業結構、強化業者經營能力；拓展運動市場需求、擴大運動產業規模；提升運動產業影響、優化國人生活品質為目標。並在2017年進行滾動式修正，擬定六大發展策略，包括（葉公鼎、蕭嘉惠、王凱立，2019）：

1.擴大運動產品與服務需求。

2.提升我國運動企業組織的競爭力。

3.培育體育專業人員及運動產業人才。

4.增加投入運動產業的資源。

5.建構運動產業雲端資料庫。

6.以公部門帶動產業發展。

期望透過這六大發展策略帶動運動產業的良善循環。

二、運動產業發展條例

「運動產業發展條例」於2011年7月6日經立法院三讀通過，由總統公告，2012年3月1日正式施行，成為我國目前推動運動產業發展之重要基礎。「運動產業發展條例」立法最重要的目的是建立推動運動產業發展的獎勵與輔導政策，藉由輔導、獎勵、補助及融資等相關措施，營造國內運動產業良好的經營環境，帶動運動市場的成長，提升產值及就業人數，促使台灣運動產業壯大及永續發展（何金樑、劉婉玲，2012）。

依據「運動產業發展條例」後公告施行之子法共計十三項，具體協助與推動運動產業的發展，包括：

1.運動產業輔導獎助辦法。

2.學生參與觀賞運動競技或表演補助及運動體驗券發放辦法。

3.補助運動服務產業引進關鍵技術及發展國際品牌辦法。

4.地方政府招商舉辦運動賽事或經營地方運動場館獎勵辦法。

5.優良運動產業及其從業人員表揚辦法。

6.重點國際運動賽事協助作業辦法。

7.運動產業公有資產利用辦法。

8.大型運動設施範圍及認定標準。

9.運動場館重大投資案件認定辦法。

10.體育團體舉辦運動賽事或活動免徵營業稅認定辦法。

11.推動民間團體聘用績優運動選手補助辦法。

12.營利事業捐贈體育運動發展事項費用列支實施辦法。

13.無動力飛行運動業輔導辦法。

新冠疫情之體育運動產業政策

　　因應2020年新冠肺炎疫情對於體育運動及相關產業的衝擊，影響共約3萬場學生運動聯賽、企業運動聯賽、職業棒球例行賽、國際競賽、大型運動賽會，以及7,000家左右運動事業，體育署陸續提出體育團體及運動產業紓困振興方案，編列特別預算共52.05億元，針對國內各大運動賽事、特定體育團體以及相關運動產業等，研擬具體紓困振興方案，至2020年11月，其具體措施與成果如下（高俊雄，2020）：

1.補助運動產業及從業人員，核定1,849家3億3,475萬8,192元及824人3,977萬7,684元，合計3億7,53萬5,876元。

2.補助特定體育團體及國際體育賽事營運成本1億4,476萬元。

3.補助具國際窗口之非亞奧運全國性體育團體籌辦體育賽事1億1,805萬2,910元。

4.補助特定體育團體人事薪資酬勞3,813萬1,000元。

5.補助企業運動聯賽營運成本、提高組訓經費，1億9,267萬元。

6.審議台灣運動彩券公司所提緊急因應計畫，同意動用發行損失準備金7.0億元作為提高投注獎金，至2020年10月31日累計當年度投注額約340億元，已接近年度預算目標390億元。

7.發放400萬份500元面額之「動滋券」，民眾領取動滋券計約349萬餘人，合作業者超過7,000家，外溢效益達16億6,578萬餘元，帶動運動消費產值提升。

　　此次針對疫情所規劃的體育運動及產業政策，成功有效的解決運動產業問題，也可以作為未來政策管理前瞻規劃、超前部署的參考。

結　語

　　從過去經驗中可以得知，任何產業的發展都是在一定的生態環境下成長起來，促使產業制度成長的動力就是影響該制度的政策、行政與法規，而最理想的成長方式是漸進調適，著名的公共政策學者林布隆（Charles E. Lindblom）就主張漸進主義的公共政策制定模式，認為「公共政策不過是過去政府活動的延伸，在舊有的基礎上，把政策稍加修改」，因此當我們探討新世紀的運動產業政策時，對於過去體育政策的檢視便顯得更加重要。因為運動產業的發展和體育運動政策與法規有密切的關聯，因為運動產業的發展如同農業、工業或是高科技產業發展一樣，透過行政來推展政策與法規正是影響產業發展成敗的關鍵，正如早期行政學者Goodnow所說：「政策制定是國家意志的表現，行政則是國家意志的執行。」（楊正寬，2000）由此可知政策與法規對於體育運動及運動產業發展的重要性。

　　運動產業作為一項國內的新興產業，相對於其他的傳統或高科技產業，其實是需要更多政策的關懷與協助的，尤其在面對社會大眾對於體育運動需求大幅增加的今日，我國運動產業的發展是需要制定新的政策與方向，政府應該協助調整國內運動產業發展的結構，透過某些直接或間接的干預手段，來協助運動產業健全發展，因此政府必須深入瞭解台灣運動產業發展的過程與結構，清楚的定位政府在運動產業發展過程中所扮演的角色，同時分析影響運動產業發展的市場因素與政策因素，來制定宏觀的產業政策，方能使運動產業健全與蓬勃的發展。

問題與討論

一、請說明體育法令與體育政策的定義以及兩者之間的差異。

二、體育運動政策對於運動產業發展的影響是多面向的，請歸納說明有哪些面向的影響？

三、你認為政府未來推動運動產業發展可以規劃哪些運動產業政策？

何金樑、劉婉玲（2012）。〈我國「運動產業發展條例」的意涵及執行簡介〉。《國民體育季刊》，41(3)，6-11。

洪嘉文（2002）。〈擬定學校體育（教育）法之可行性分析〉。《大專體育》，61，93-98。

高俊雄（2020）。〈台灣體育運動因應全球新冠疫情之策略與產業政策〉。《台灣體育運動管理學報》，20(2)，113-132。

張芳全（2000）。《教育法規》。台北：師大書苑。

教育部（2017）。《體育運動政策白皮書》（2017修訂版）。台北：教育部。

教育部體育司（1999）。《各級學校體育實施辦法》。台北：教育部體育司。

曹可強（2004）。《體育產業概論》。上海：復旦大學出版社。

曾瑞成（1996）。〈我國體育政策規劃過程之探討——以爭取1998亞運為例〉。《第二十七屆大專運動會國際體育學術研討會論文集》，475-477。

楊正寬（2000）。《觀光政策、行政與法規》。台北：揚智文化。

葉公鼎、蕭嘉惠、王凱立（2019）。〈運動產業——幸福經濟、運動體現〉。《國民體育專刊》，114-141。

體育署（2015）。「運動i台灣」105至110年全民運動推展中程計畫。台北：教育部。

Dye, T. R. (1978). *Understanding Public Policy*. New Jersey: Englewood Cliffs, Prentice-Hall.

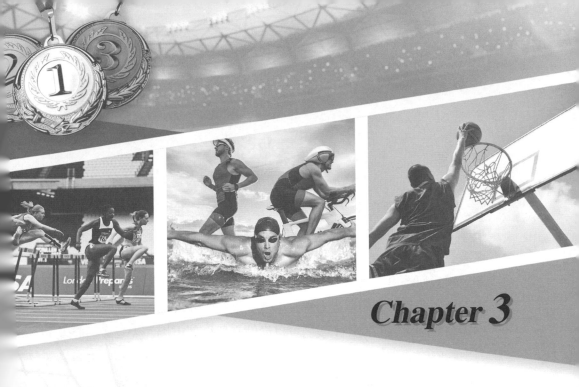

Chapter 3

專業人力資源與運動產業

閱讀完本章,你應該能:

· 瞭解專業人力資源的定義
· 知道運動休閒專業人力資源培育的管道
· 瞭解國內運動休閒專業人力資源供需的現況
· 知道運動休閒相關專業證照核發的現況
· 瞭解運動休閒專業人力資源供需的問題

前　言

　　近年來運動產業逐漸興起，而產業的發展可以活絡經濟，同時創造廣大的就業市場，然而產業的發展需要專業的人力資源，因此在運動產業發展的過程中，專業人力資源的供需便成為一個產業發展分析的重點，究竟何為專業人力資源？運動產業不同的就業市場需要什麼專業能力？國內運動休閒相關人力資源培育與供給的狀況為何？同時，隨著國內運動休閒風氣的提升，我們可以從健身俱樂部市場的大幅成長發現，目前國內的運動休閒服務業，由於業者在人員聘用上普遍不要求需具備相關學歷背景，相關科系所之畢業生也以擔任體育教師或職業運動員為主要出路，每年新增的人才需求規模遠低於畢業生人數的情況下，乃發生了供需數量失衡的窘境。根據許多國內運動休閒相關科系成立的宗旨與未來就業市場分析，大多認為其培育的畢業生可立即投入體育運動休閒產業，如職業運動聯盟、健康休閒俱樂部、各級體育運動場館、體育運動用品公司、廣播電視台體育部、體育運動新聞採訪報導、有線電視運動專業頻道、運動組織與運動經紀公司、休閒育樂公司等等。以目前國內運動休閒相關系所大量成立的情形可以得知，國內體育人力培育政策已從過去菁英教育走向普及化，而且培育數量擴增速度有增無減，未來如何提升品質與控制量的增加，並引導運用這些專業人力資源投入適合的運動產業就業市場，將是未來各培育機構及主管當局的重責大任，因此本章的重點在於探討專業人力資源的定義、國內運動休閒專業人力培育的概況、專業證照發展的概況、運動產業市場對人力資源供需的情形，同時針對專業人力資源提出相關的問題與建議。

第一節　專業人力資源的定義

　　依據林建元（2004）對於運動休閒服務業專業人力資源所做的定義與分類，所謂的運動休閒服務業人才可定義為：「具備從事運動休閒服務業相關工作之專業能力者」，而人才供給來源可分為教育體系及認證體系兩種管道。教育體系是依據是否具有相關學歷或工作經驗來判定專業能力，屬於「過程導向」的判斷方式。在教育體系之下包括正式學校教育、非正式學校教育及職前培訓等人才培育方式；而認證體系則為各項專業證照之檢定考試，是屬於「結果導向」的判別法，亦即以是否持有專業證照或具有獲獎事蹟等作為判定標準，只要通過相關考試、認證，或曾於相關比賽中獲得優勝，即認定具備足夠之專業能力，這兩種培訓管道所培育出來的人力都可稱之為專業人才。

　　不論學術界或實務界都一致公認人是組織中重要價值的資產，但許多人力培育機構與管理者對人力資源管理的重要性仍缺乏深入的瞭解，人不但是構成組織的基本元素，也是組織中其他資源能否發揮其效益的原動力。一項產業是否能夠蓬勃發展，所投入人力資源的數量以及品質是一個很重要的關鍵，因此人力資源管理一直是產業與組織中相當重要的一個功能，而近年來一些重要的變動趨勢對人力資源供需的結構有著重大的影響，而使組織中人力資源管理的重要性更見增加，在人力資源對組織的價值日益重要時，卻顯現了整個社會人力供需嚴重失衡的情況，一旦沒有做好人力資源管理，就會造成企業求才不易，而另一方面仍有大量的人找不到工作，因此就運動產業的發展而言，如何規劃與控制符合產業需求數量與品質的專業人力資源，讓產學雙方達成一個供需平衡的狀態，才是產業健全發展的重點。

 第二節 運動休閒專業人力資源的培育

我國運動休閒服務業人才之供給來源，若從教育體系的角度來看，可分爲學校教育管道、企業培訓管道及社會培訓管道等三種。其中學校教育管道之下包括公私立大學校院以及技職院校相關系所；企業培訓管道則是指企業在員工就職前或就職後實施必要的專業訓練，或者鼓勵在職員工再到學校進行回流教育；社會培訓管道則是指學校部門或企業部門以外的第三部門所提供的教育訓練，例如道館、各單項協會等（林建元，2004）。

一、學校教育管道

運動休閒專業人力資源的培訓，早期是以培養體育師資及運動員爲目標之體育學院、師範學院、師範大學等爲主，至民國76年國立體育學院成立，運動休閒之專業領域開始多元開展後，才陸續有綜合性大學開設運動管理方面之系所，但是近幾年來運動休閒相關系所卻開始大量的增加，專業領域也逐漸的多元，然而這樣快速成長的趨勢，卻也造成供需失調的情況產生。

二、企業培訓管道

部分運動休閒相關產業在面臨專業能力需求時，會直接以內部開設訓練課程或在職進修之方式，來培訓員工的專業能力，而此項專業能力的培訓，一般而言並不會影響就業市場上人才之供需數量。

三、社會培訓管道

　　社會培訓管道指的是各種道館、舞蹈班、社團、協會等非正式學校教育的學習模式，多數之人才培育情形是處於制度外且較難掌握。

　　針對上述專業人力資源的培育管道，可以發現大部分還是來自學校教育管道，若以大專院校運動休閒相關科系設立的角度來看專業人力資源的培育，可以發現隨著運動休閒產業的發展，因此國內的高等教育因應產業對於運動休閒專業人力的需求，紛紛成立運動休閒相關科系，國內最早成立的是真理大學在民國84年所規劃的運動管理學系，而研究所的部分則是台灣師範大學於民國88年設立運動與休閒管理研究所為最早，尤其到了民國89～90年之間，更是國內運動休閒相關科系設立最蓬勃的時期，近幾年由於運動休閒產業之發達，對運動休閒人才之需求也隨之增加，因此各大學更是紛紛設立運動、健康、休閒相關科系，以培養休閒運動專業人才，可知從總數量看來，運動產業專業人力資源培育的人數，正隨著國人對運動休閒的重視及對市場發展趨勢而呈穩定的成長，不過在總數量持續累積的同時，未來專業人力資源的素質與條件是否能因應產業的需求與發展趨勢，便是必須進一步探究的課題。

比賽資訊——
我是運動創業家　　**我是運動創業家，你報名參加了嗎？**

　　我是運動創業家的創業競賽活動是體育署為提升運動產業發展，培植及輔導具潛力之創新創業團隊，因此規劃辦理創新創業競賽，期激發創新構想、培植及開發具潛力之運動產業創新創業團隊。入圍者就可以獲得入圍獎金2萬元的市場測試獎金，而社會創新與商業營運兩組的冠軍更可獲得20萬元獎金。到2020年已辦理第5屆，第5屆競賽共吸引107組（社會創新組71組、商業營運組36組）報名參加，經過多隊角逐後，最終各自選出10組團隊，頒發新台幣118萬元獎金給予10組得獎團隊。

在此次競賽的獲勝者主題內容部分，社會創新組的前三名分別是「GWO社團法人台灣外籍工作者發展協會——外籍移民工足球聯盟」以提供營運網路平台，促進外籍移民足球資源共享等概念，勇奪冠軍；而「醫護鐵人」以社會企業的形式，提供零收費賽事安全服務的概念獲得亞軍，以及提出以獨木舟運動改善妥瑞氏症患者的「獨木舟日常」獲得季軍。在商業營運組部分則是「Uniicube」以雲端共用的光影律動健身課程系統獲得冠軍，而以擊劍教育國際交流提供體驗課程的「繁星教育starryfencing」獲得亞軍，以極限單車教學平台為議題的「CHIAOLLENGE」獲得季軍。

　　我是運動創業家競賽自第一屆舉辦迄今有23組團隊創業成功，也成功的增值運動產業實力及培養運動人才能力，因此若你有創新創業的點子，趕緊報名「我是運動創業家」競賽吧！

資料來源：教育部全球資訊網，https://www.edu.tw/News_Content.aspx?n=9E7AC8
　　　　　5F1954DDA8&s=B2B1FC9544B7E214

第三節　運動休閒專業人力資源的供需

　　在產業經濟市場中，供需是一項基本的原理原則，有需求就會造就供給的市場，因此當台灣經濟成長，人們對於運動健康產生強烈需求時，便會創造運動產業市場，而運動產業市場需要專業能力與服務，因此，運動專業人力資源培育的需求就因此產生，而我國運動休閒專業人力資源的培育在早期主要是以體育科系為主，而體育科系的畢業生也多以體育教學師資和運動教練作為主要的就業市場，然而隨著國民運動休閒健康意識的抬頭，休閒運動的蓬勃發展以及運動休閒產業的大幅成長，對運動休閒專業人力資源的需求日益迫切，國內大專校院開始廣設運動、休閒管理相關科系，顯示出國內對於培育運動休閒專業人才日益重視（林鳳凰，2002）。

邱金松（2001）綜合國內外研究發現，運動、休閒的就業市場中，大概有五個主要類別的就業機會：

1. 學校教學：如從事運動休閒專業教學、體育教學、學校專任教練等工作機會。
2. 公營休閒機構：如從事公共運動設施管理、公共資源管理、公共戶外遊憩、解說、活動策劃、公共復健休閒。
3. 商業運動休閒：如從事主題樂園、戶外休閒事業機構、水上休閒活動中心、商業健身中心、商業休閒設施規劃管理、運動觀光旅遊、傳播與市場行銷、娛樂與表演。
4. 運動與健康產業：如兒童醫院、一般醫院、精神病院、運動保健、運動復健、體適能中心。
5. 企業中的運動休閒服務：如企業附設員工及眷屬休閒中心，或企業與休閒服務機構合作服務的指導者。

　　此外，依據林建元（2004）對於國內運動休閒服務業發展與專業人力需求概況所整理的資料，可以歸納成**表3-1**。

表3-1　不同運動產業類別人力需求概況分析表

產業類別	專業人力供需概況
運動用品／器材批發及零售業	根據工商及服務業普查資料指出，90年度運動用品／器材批發及零售業的年底員工人數有22,053人，時間往前推移，可以發現每五年，該產業的員工人數便呈倍增的情況發展。不過本產業的業者普遍表達批發零售業對於運動休閒相關專業知識之需求其實並不明顯，因此對於人才培育大多缺乏作為。
運動及娛樂用品租賃業	依據工商及服務業普查資料指出，90年度運動及娛樂用品租賃業的年底員工人數有383人，跟85年度相比雖然也有約50%的增長情況，但是人數還是非常稀少。根據產業發展趨勢，本產業未來會漸漸朝專業化、複合化的方向發展，因此從事這個行業的人必須具更多專業知識才能符合市場的需求。
運動休閒管理顧問業	國內目前因為產業市場規模小，不斷的縮編中，因此未來三年內也不會有人才的需求。人才的需求必須等待未來發展到一定程度後，這方面的專業人才在數與量上都會有所增進。

（續）表3-1　不同運動產業類別人力需求概況分析表

產業類別	專業人力供需概況
運動休閒教育服務業	運動休閒教育服務業在學校正式教育體系中可以分為「體育教師」與「體育相關系所教師」兩類，國中及高中職體育教師需求的成長幅度較小，體育相關系所教師則因體育休閒相關系所數量不斷增加，故教師人數也隨之增加，成長幅度較大。
運動傳播媒體業	國內並無任何系所專門培訓這方面的人才，加上產業的市場正在起步，因此專業人力的運用大多以興趣作為最大的考量，有關專業的部分，只好在晉用後再加以訓練。
運動表演業	目前並無統計業界有多少人才需求，也沒有機制統計參加過相關比賽的人員有多少，在運動表演中，除了舞蹈、體操、游泳外，國術專長也是從事運動表演業的另一項專業。
職業運動業	依據工商及服務業普查資料指出，90年度職業棒球的員工人數有437人。六個球團選手人數182人，教練人數43人。另外，職業高爾夫目前則是一直在縮編的情況。
運動場館服務業	工商及服務業普查資料指出，90年度運動場館業的年底員工人數有12,291人。運動場館業主要可以分成兩類人員，即專業教練及一般行政人員。一般而言，專業教練中體育相關系所畢業的比例很高，但是除了學歷背景之外，通常也都會同時具有專業證照；至於行政人員則不要求一定要具有體育相關背景。

根據體育署委託財團法人中華經濟研究院所做的我國106及107年度運動產業產值及就業人數等研究案資料顯示，我國107年整體運動產業就業人數為173,913人，在運動產業的十二大類別中，占總就業人數比重最高的為運動用品或器材製造、批發及零售業的65.23%，其次是運動場館或設施營建業以比重16.48%位居第二，運動保健業以4.48%居第三，而後依序為電子競技業、運動經紀、管理顧問或行政管理業、運動博弈業。在各類別中，以運動旅遊業表現最佳，增幅約15.13%，其次為運動場館或設施營建業，也大幅增加10.62%，除此之外，因為運動風氣的盛行，因此許多國內醫院及診所朝向運動醫學發展，運動醫療人員需求也相對增加，吸引更多人員從事運動保健業，使得運動保健業的就業人數快速增加（連文榮，2020）。

而根據行政院體委會的資料，針對我國運動休閒服務業人才供需的調查研究所得到的結果顯示，就專業證照之需求而言，各年通過證照考

試之人數也分別較業界需求多。因此必然造成供需嚴重失調，專業人力資源也會出現供過於求的情況，而主要的原因是運動休閒相關科系設立的速度大過於運動休閒產業的發展，因此要解決專業人力資源供需的問題，從積極的面向來看必須創造更多產業市場的就業機會，若無法積極的開創市場，那麼就只好建立退場機制這條路。

運動專業人力的就業市場──企業聘用運動指導員

　　體育署從2017年開始規劃，2018年開始執行推動企業聘用運動指導員，補助企業提升職工運動參與、推廣全民運動，截至2020年，已輔導243家企業，聘用了373名運動指導員，辦理1,200多項員工運動休閒活動，光是2020年就有華碩電腦股份有限公司、台灣迪卡儂有限公司等87家企業、近30萬人次參與，這項政策為企業推展職工運動建構完善支援體系。

　　為協助企業聘用運動人才，促進運動人才就業，體育署除了在「i運動資訊平台」提供免費線上媒合服務，也在2020年的7、8月舉辦2場「2020運動人才就業媒合會」，邀請22家企業提供超過500個熱門職缺，會場也提供適性測驗諮詢及履歷健診服務。此項補助方案採線上申請，舉凡補助方案、申請表單、填寫範例都可從i運動資訊平台（https://isports.sa.gov.tw）查詢及下載，手續簡便，除此之外，體育署為了協助企業尋找合適的運動指導員，因此也建置了資料庫及媒合平台，同時也會舉辦「實體媒合會」，提供客製化媒合服務。也會提供「運動指導員增能課程」、「運動名人／大使講座」、「科技體適能檢測」、「職工運動諮詢服務」等措施，期望在運動指導員的帶領下，讓職工運動在企業中蓬勃發展，因此有興趣的企業與運動員都可多關注i運動資訊平台。

資料來源：教育部全球資訊網，https://www.sa.gov.tw/News/NewsDetail?Type=3&id=3020&n=92

 ## 第四節　專業證照與人力資源

　　證照制度之實施直接影響特定服務業的專業形象與服務品質之保障程度。雖然專業認證制度行之有年，但由於國內相關法令缺乏嚴格規範，業界也尚未將專業證照視為必要之人才聘用條件，導致多項檢定與培訓制度流於形式，缺乏有效的專業驗證與篩檢機制，不過從健身俱樂部與國際認證機構的發展趨勢來看，政府應適度開放民間引進專業認證機制，將可借助企業對市場趨勢之敏銳度，以市場機制有效引導運動休閒服務水準之提升（林建元、楊忠和、周慧瑜，2005）。因為體育運動專業需要經過適當的檢覈、認證，才能建立專業的地位，建立完整的專業證照制度方能滿足此一需要，因此國家體育主管機關應加強建立體育專業證照制度，與運動產業、團隊管理體系，並協助解決新體育專業的障礙，如此才能促使體育健全發展。

　　根據過去行政院的《體育運動政策白皮書》資料，國內體育專業人力包括大專教師、高山嚮導員、救生員、救生教練、國家級教練、國家級裁判等類型。除此之外，為配合競技運動專業人才的養成，政府也積極輔導各協會辦理教練及裁判三級授證，每年辦理優秀教練國內培訓，並遴選各項運動教練赴國外作短期進修，藉以提升國家代表隊教練的素質及相關知能。

　　然而，從人力規劃的角度觀之，國內體育專業人員類型並不夠多元，近年來體育運動與休閒相關科系所陸續擴展成立，一方面雖然可以培育更多更專精的專業人力資源，但另一方面人力資源的專業化、職場出路、證照考核問題都是值得深入思考的議題，尤其在供需之間產生不平衡的狀況，是否供過於求，更是人力資源管理的重要課題。

　　在專業證照核發的部分，目前國內運動休閒方面相關專業證照之檢定與核發，可分為教育部體育署、各單項運動協會及國際專業認證機

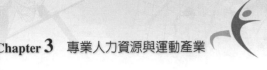

構等單位。其中體育署主要核發證照爲登山嚮導員、救生員、體能指導員、傷害防護員等,而各單項運動協會則負責核發所屬運動項目之專業證照,國際專業認證機構則大致包括以下幾個機構,大部分是以體能教練認證爲主(**表3-2**):

1.美國運動委員會(American Council on Exercise, ACE)。
2.美國運動醫學學會(American College of Sports Medicine, ACSM)。
3.美國有氧體適能協會(Aerobics and Fitness Association of America, AFFA)。

表3-2 運動休閒相關專業證照檢定機構及證照類型

機構類型	機構名稱	核發證照類型	
政府機關	行政院體育委員會	登山嚮導員	
		救生員	
		體能指導員	
		傷害防護員	
民間社團	各單項運動協會	各單項運動之教練與裁判證	
國際專業認證機構	美國運動醫學學會(ACSM)	體能教練	
	國際有氧運動訓練與體適能聯合會(FISAF)	體能教練	水中健體導師
			團體體能指導員
	美國有氧體適能協會(AFAA)	體能教練	國際基本有氧教練
			階梯有氧教練
			拳擊有氧教練
			兒童有氧教練
			孕婦有氧教練
			體能訓練員
			個人體能顧問
	美國運動阻力訓練學院(RTS)	體能教練	

資料來源:1999~2004年「體育統計、體委會」。資料轉引自林建元(2004)。

4.美國國家運動醫學學會（National Academy of Sports Medicine, NASM）。

5.國際有氧運動訓練與體適能聯合會（Federation of International Sports Aerobics & Fitness Inc, FISAF）。

6.美國運動阻力訓練學院（Resistance Training Specialist, RTS）。

近年來國內健身運動產業蓬勃發展，各地公民營的健身中心大量成立，因此對於專業健身教練的需求成長，也創造了運動產業的就業機會，而在專業教練及專業證照的培訓核發則是以美國四大運動教練證照專業組織最為知名，分別是：美國運動醫學學會（ACSM）、美國運動委員會（ACE）、美國國家運動醫學學會（NASM）、美國國家肌力與體能訓練協會（NSCA）。

除此之外，為了維持運動休閒科系教育的品質，推動課程認證則是一個可以努力的方向，以國際發展而言，北美的「運動管理學會」與美國「全國體育學會」共同發展一套運動管理課程的檢定標準，並組織委員會，每年均接受各大專院校運動管理相關系所的申請，針對該單位所提供的授課內容、師資結構等相關資料進行審查，若通過者即予以授證，藉以證明該系所在運動管理領域的專業程度，也是維持專業人力資源培育品質的重要方式之一。

未來對於運動產業的專業人才培育，政府單位應配合社會對運動產業的需求，擴大體育專業從業人員之範疇，整體規劃各項專業證照類別工作，如運動賽會經營管理師、運動場館經營管理師、運動經紀人等。同時必須跨部會整合勞動部等專責機關，將「運動產業發展條例」所列運動產業分階段納入證照制度，依從業人員職務類別，訂出證照類目、發照單位、訓練及檢定機制等。同時發照單位應透過嚴謹考核、檢定、實習、就業等步驟，以建立證照之公信力（教育部，2017）。

專業證照與體適能指導員

　　近年來台灣逐漸步入高齡化的社會，再加上人們對於運動與健康意識的抬頭，除了連鎖的健身俱樂部外，各縣市政府也紛紛設置運動中心，因此對於專業體適能指導員的需求日增，因此專業證照的考試與認證就顯得更加重要，而國民體能指導員檢定考試，便是透過建置國家體適能指導人力的專業證照檢定制度，通過檢定的國民體能指導員在取得合格證照後，除了可以在健身俱樂部擔任健身教練外，也可以在國民體適能檢測站服務民眾，進行體適能檢測與推廣，因此政府在民國90年時就已經制定「國民體能指導員授證辦法」，同時也在每年舉辦國民體能指導員檢定考試。

　　根據國民體能指導員授證考試，國民體能指導員依其專業能力及職務，區分為下列三級：

一、初級國民體能指導員

　　1.指導民眾體能活動。
　　2.擔任機關團體體能指導。

二、中級國民體能指導員

　　1.擔任健身房（體適能中心）指導員。
　　2.指導特殊需求者體能活動。
　　3.擔任機關團體及個人體能活動。

三、高級國民體能指導員

　　1.擔任健身房（體適能中心）經營及管理。
　　2.擔任初級與中級國民體能指導員之訓練及輔導。

　　以目前的發展狀況觀察，大部分參與檢定考試學員多數來自體育運動相關科系、物理治療系所、運動中心人員或大專校院體育教師，而隨

著人們運動風氣與運動產業的發展，運動指導員專業證照與授證考試的推廣，一方面可以對體能指導員進行品質的把關，另一方面也可以有效的指導國民從事運動，同時也避免在運動時發生任何運動傷害，因此對於專業人力資源的培育是相當重要的議題。

資料來源：作者整理。

　　目前國內頒發運動健身證照的單位，大致可分成政府部門與民間部門兩大類。政府部門的運動相關證照有：國民體適能指導員、登山嚮導員、運動傷害防護員與學校專任運動教練證，必須經過相關考試檢核，依據相關法規頒授的證照。民間部門則包括各單項運動協會頒發的教練證、裁判證以及運動休閒產業相關協會所頒發的運動休閒證照與健身產業證照。而根據江詠宸、魏正、陳秀惠、徐振德（2017）的研究顯示，目前國內59個運動健身相關協會中，實際在官方網站有開授或規劃證照課程的有39個協會，分別辦理共有55個證照及培訓課程，證照則分為五大類型，分別為：體適能類、有氧類、運動保健類、特殊族群類及場地管理類。不過需特別注意的是，專業人力資源的培育是運動產業發展的重要關鍵，相關專業證照的研習雖多，選擇證照研習時，仍需仔細評估專業證照是否有嚴謹的考核、檢定、實習、認證及換證制度，若缺乏完善的培訓與篩檢機制，造成檢定與培訓流於形式，反而不利於運動產業的發展。

　　在專業證照核發的相關數據上，根據統計資料，近年來體育署積極研修法規，培育各類體育專業人員，內容包括（沈易利、王伯宇、王建興，2019）：

1.訂定國民體適能指導員資格檢定辦法，截至2018年底止，計有1,005位合格國民體適能指導員，含初級指導員641人、中級指導

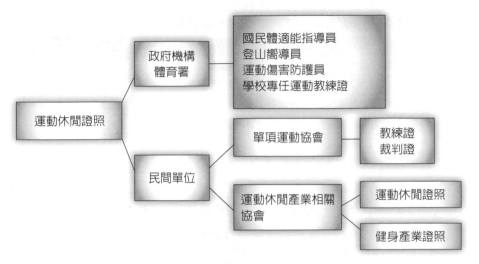

圖3-1 國內頒發運動休閒產業證照體系

資料來源：江詠宸、魏正、陳秀惠、徐振德（2017）。

員364人。

2.訂定救生員資格檢定及複訓工作專業團體認可審議小組組織及作業要點。2018年救生員訓練通過受認可團體共計9個；辦理救生員資格檢定及複訓工作，計檢定完成發證4,830張，包含游泳池救生員3,670人以及開放性水域救生員1,160人。

3.修正山域嚮導資格檢定辦法，2018年受認可團體共計2個，辦理山域嚮導檢定及複訓工作，計完成檢定及複訓共113張（含登山嚮導61張、複訓登山嚮導51張，複訓攀登嚮導1張）。

4.修正無動力飛行運動專業人員資格檢定辦法，至2019年有效無動力飛行運動專業人員證計有雙人載飛員66人、助理指導員57人、指導員26人。

此外，根據體育署（2020）所出版的體育統計資料顯示，我國在108年度核發之A/B/C級裁判證與教練證之數量資料如**表3-3**。

運動產業概論

表3-3　108年度核發之A/B/C級裁判證與教練證之數量

項次	證照名稱	核發數量
1	我國44個亞奧運運動競賽核發之A級教練證	188張
2	我國44個亞奧運運動競賽核發之B級教練證	612張
3	我國44個亞奧運運動競賽核發之C級教練證	2,775張
4	我國44個亞奧運運動競賽核發之A級裁判證	101張
5	我國44個亞奧運運動競賽核發之B級裁判證	484張
6	我國44個亞奧運運動競賽核發之C級裁判證	3,144張

　　除了教練證、裁判證之外，體育署在108年度所核發的體育運動專業證照項目與其他專業人力資源數量如**表3-4**（體育署，2020）。

表3-4　108年度核發的體育運動專業證照項目與數量

項次	證照名稱	核發數量
1	運動防護員（截至108年止）	537張
2	國民體適能指導員初級（102-108）	856張
3	國民體適能指導員中級（102-108）	467張
4	山域嚮導證（103-108）	472張
5	救生員證（108年）	1,708張
6	無動力飛行運動專業人員證照（截至108年止）	149張
7	各級學校專任運動教練審定（94年起至108年）	5,865人次

 第五節　專業人力資源供需的問題

　　專業人力資源的供給是運動產業發展的重要基礎，然而在產業專業人力培育的過程中，似乎出現了一些問題，國內許多的學者與研究也紛紛指出人力資源培育的相關問題，例如高俊雄（2015）分析國內運動產業人才培育有以下幾點問題：

1.運動產業人才照顧欠缺長遠規劃，產業市場規模有限，同時有學用落差的狀況，是我國產業政策急需改進之處。
2.運動相關科系學生缺乏對職場生涯規劃的認識。
3.缺乏運動產業人才與企業的媒合機制。
4.學校人才培育重複，人才供給偏態。
5.運動專業及產業人才證照制度未能落實，以致服務品質無法提升，跨部合作政策急需推動。
6.產業市場人才供需不對等，仍有專業性人才培育不符合產業需求的現象（如籌辦賽事的國際化專業人才、運動經紀人、運動防護員等）。
7.國內運動人口比率偏低。

教育部體育署的相關研究中也指出，運動產業專業人才的培育現況出現以下幾點問題（教育部，2017）：

1.傳統體育人才欠缺運動管理專業訓練：傳統體育運動專業人才培訓的目標大多以養成體育師資或訓練競技運動選手為主，因此較欠缺運動管理專業訓練，產生學校培育和實際運動產業市場所需出現學用落差。
2.運動產業人才認證制度有待檢討：目前尚無由政府認證的運動產業相關專業證照，而民間運動組織所頒發的運動產業人才證照，嚴謹程度不一，部分甚至流於形式，影響專業的形象及整體運動產業的人力發展。
3.運動服務業者聘任具備運動產業人才職能之制度有待檢討：目前並未明確規範運動服務業者應聘具備何種運動產業人才職能之人員之相關法規或制度，因此運動產業市場的專業人員與服務容易出現品質參差不齊的現象。
4.運動產業人才與企業的媒合機制可再加強：國內從1995年起運動休閒及體育相關系所快速設立，多年來已累積大量專業人力。但

目前運動產業薪資與職缺結構的相關媒合機制卻仍有待加強。

正如同其他服務業一般，從業人員素質是決定服務品質的關鍵因素，然而國內運動休閒服務業對從業人員的學歷要求偏低，目前實際從業人員具有運動休閒專業學歷背景者所占比例相當的低。因此以下歸納出國內運動休閒專業人力資源供需的幾個問題，亟待我們思考與探討：

第一，運動休閒相關科系的數量是否供過於求？培育的專業人力資源是否作出明確的區隔？換言之，人力資源的培育單位在規劃成立之初，課程的設計與安排就必須做出明確的區隔，不同科系的畢業生應有不同的就業市場，而透過畢業生就業率的調查，才能真正反映出產業市場的人力需求狀況以及供需的情況。因此人力資源供需平衡便成爲重要的議題，近年來運動休閒相關科系所陸續成立，提供了大量的相關人力資源，然而運動產業市場的人力需求是否也大幅成長，是值得調查與研究的重要議題，一旦在供需之間產生不平衡的狀況，造成大量供過於求的情況，就會演變出如師資培育一般流浪教師的問題。

第二，運動休閒相關系所轉型與發展成效。國內許多運動休閒相關系所的規劃與發展大多以校內現有師資作轉型與規劃，受限於現有師資與專業，所安排的課程與訓練是否合乎產業界需求，是值得探討的問題。

第三，專業人力資源的培訓應該因應市場的需求。人力資源培育機構應該期許能夠培育出帶動運動產業升級的優質專業人力，而非將就業市場侷限於學校體育教學或體育行政組織，因爲各項運動產業的發展需要投入更多的人力資源，才能帶動產業的發展。因此應該涵蓋運動休閒產業指導、運動設備研發與製造、運動賽會之行銷與管理、健康諮詢與管理、運動旅遊、大眾傳播與出版等多面向的專業能力，因此各系所應該針對不同的就業市場來發展出自己的特色。

第四，產學合作模式的建立。目前學校培育體系中的課程大多偏重理論課程，產業界的參與較少，形成學校課程與職場需求的落差，系

所應加強產學合作，一方面讓學生能同時具備專業知識的理論與實務經驗，同時也可以強化學術界與產業界的溝通與互動，將研發的成果提供產業界創新的產品與服務，達到提升競爭力和產業升級的目標。若學校能與產業界建構出一套合適的產學合作模式，就可讓學生具備更多實務的經驗與知識。

第五，專業證照的實施與價值無法建立。完整的證照制度應建構一套嚴謹規劃及控制的考核、檢定、實習、認證、進修、換證等相關過程，目前透過研習取得證照的情形相當普遍，因此專業人力的鑑定並不容易。

在上述的說明中，許多運動休閒相關科系就相當重視產學合作或建教合作的關係，發展與運動組織和運動產業的合作關係，一方面可以透過實習提供學生累積實務經驗，另一方面也可結合專家之研究能力，提升產業和運動組織研發與經營管理效益。顯示運動休閒專業人力供需的問題中，有關產學合作的問題已經逐漸受到大家的重視，而未來專業證照制度的建立相信也會受到更多的關注。

結　語

人力資源規劃可使運動產業能擁有適量與專業品質的人才，使他們能夠有效地完成組織整體目標的工作。就我國運動產業發展的趨勢而言，未來除了在人力資源規劃上需加以重視外，在體育專業人員培養過程中，建立嚴謹、完整的訓練與證照制度，對於建立體育專業的地位實有相當的必要性及重要性。

　　由許多產業發展的經驗可以得知，專業人力資源的培育是需要政府與人才培育單位審慎規劃與評估的，一方面課程規劃要培育出符合產業需求的專業人才，另一方面也必須觀察產業發展的趨勢，才不至於導致就業市場的供需失衡，就目前台灣運動產業發展的趨勢來觀察，許多運動產業逐漸發展成一定的規模，例如運動健身俱樂部產業與職業運動產業的發展，都已經慢慢步入正軌，加上許多休閒運動參與人口不斷的增加，所帶動的產業發展是可以預期的，因此要如何培育出真正符合產業發展需求的專業人力資源，將是運動產業創新與發展的重要關鍵。

　　專業人才的供給與需求，雖說主要取決於產業發展情況，背後卻是社會、經濟、法令、教育等諸多條件交互影響的結果。人才供需的調和除了倚賴市場機制之外，政府的政策規劃與介面統合，是引導資源有效運用、避免供需過度失調的重要力量，因此政府應設立專責單位，長期有系統的進行運動休閒服務人才供需數量與人才素質的統計與調查，建立人才供需資料庫，且該單位應具有資料分析及策略研擬功能，並與產業界及相關學研機構建立長期合作與定期研討之機制，針對人才供需之短中長期推估、人才培訓資源之配置、專業證照制度等，適時提出供需失衡警訊及調整計畫或因應措施，以掌握產業界對各類人才之需求變化，減少因教育資源重置造成之浪費與失業問題，更進一步促進運動休閒服務業的知識化與產業升級（林建元、楊忠和、周慧瑜，2005）。

　　運動休閒產業是21世紀新興的產業，但是依照過去其他產業發展的經驗可以得知，運動產業是否能健全的發展，其重要的關鍵是專業人力資源的培育與經營管理，因此體育專業人力的培育政策是推動國家體育運動休閒政策重要關鍵所在，包括如何規劃適當的培育數量，以及管控其專業品質；此外，政府更需要透過政策的推展，才是專業人力資源培育發展的方向。

 問題與討論

一、目前國內運動休閒專業人力資源培育的管道有哪些？請敘述說明
之。

二、近年來國內運動休閒相關科系陸續的成立，請分析國內是否提供
相對的哪些類別的就業市場與就業機會。

三、請分析目前國內運動休閒專業人力資源供需存在哪些問題？

四、你認為國內運動休閒專業人力資源是否已經供過於求？同時要如
何去控管專業人力資源培育的質與量？

江詠宸、魏正、陳秀惠、徐振德（2017）。〈我國運動健身教練證照現況分
析〉。《運動管理》，38，47-64。

沈易利、王伯宇、王建興（2019）。〈全民運動——全民運動、健康啟動〉。
《國民體育專刊》，40-61。

林建元（2004）。《我國運動休閒服務業人才供需調查及培訓策略研究》。行
政院體委會委託研究。

林建元、楊忠和、周慧瑜（2005）。〈當前台灣運動休閒服務人才供給與培訓
重要課題〉。《國民體育季刊》，145，12-17。

林嘉志（2017）。〈美國四大運動教練證照體系現況及發展〉。《運動管
理》，38，3-26。

林鳳凰（2002）。《運動休閒專業人力培育之研究——以台灣運動休閒管理相
關系所為例》。國立體育學院體育研究所碩士論文。

邱金松（2001）。〈我國體育專業人力政策之探討〉。《國家政策論壇》，

1(5)，50-54。

高俊雄（2015）。《運動產業人才培育及職涯進路中長期規劃期末報告書》。台北：教育部體育署。

教育部（2017）。《體育運動政策白皮書》（2017修訂版）。台北：教育部。

連文榮（2020）。《推估試算我國106及107年度運動產業產值及就業人數等研究案》。台北：教育部。

體育署（2020）。《體育統計》。台北：教育部體育署。

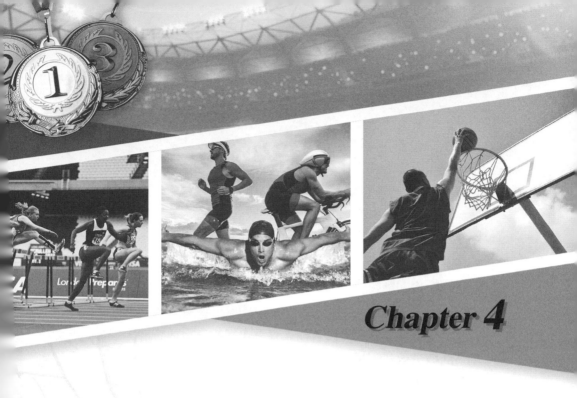

Chapter 4

運動賽會與運動產業

閱讀完本章，你應該能：

· 瞭解運動賽會的定義與分類
· 瞭解舉辦運動賽會的效益
· 知道國內大型運動賽會辦理的情形
· 知道運動賽會辦理的趨勢

前　言

　　運動賽會的舉辦是運動產業發展的重要關鍵之一，因為運動賽會除了可以提供一個提升競技運動水準的機會與場所外，另一方面運動賽會本身也會創造許多經濟價值和周邊效益，尤其隨著經濟的成長、全球化與國際化的影響，現代運動賽會的舉辦，規模不斷的擴增，尤其是國際性的運動賽會，其比賽項目、參賽國家、參賽運動員和全球的觀賞人口也大幅增加，因此無論其投入賽會舉辦的資金或資源，或者是賽會所創造的經濟效益都是非常可觀的，以舉辦奧運會為例，歷屆許多承辦奧運會的都市，都因為奧運會的舉辦而為國家和都市帶來重大的改變與轉機。許多的奧運主辦國都把奧運會的舉辦當作經濟發展的契機，1964年的東京奧運，促使日本經濟迅速發展，也是使日本經濟成為世界經濟強國的重要因素之一，1988年漢城奧運的舉辦和1992年巴塞隆納奧運的舉辦，都不僅產生經濟上的效益外，同時也讓舉辦的城市和國家知名度及國際地位大為提高。儘管如此，然而真正把大型運動賽會當成一項商業或經濟活動來經營與開發卻僅僅是幾十年的事，近年來運動賽會商業化後，大型運動賽會的效益，不僅讓舉辦城市的基礎設施得到建設與改善，城市和國家的知名度也大為提升，更重要的是創造了龐大的經濟效益和帶動周邊產業的發展，舉辦一次國際賽會通常會創造運動用品需求的增加，運動傳播業、運動經紀服務業、運動觀光旅遊業也隨之蓬勃發展，這也證明了運動賽會對運動產業發展的關聯性與重要性。因此本章的重點在於瞭解運動賽會的定義與分類、舉辦運動賽會的效益和國內運動賽會舉辦的概況，來瞭解運動賽會對運動產業發展的關係。

第一節 運動賽會的定義與分類

　　運動賽會依照其字面上的定義,指的是透過組織與計畫來辦理各項運動競賽,一般包含了許多不同運動項目的競賽;此外,運動賽會的內涵也涵蓋了運動組織、運動場館與設施、政策與制度,以及政治、經濟、文化等背景要素。而運動賽會的分類,一般可分為綜合性運動會、單項錦標賽、聯賽、邀請賽、職業比賽等等。此外,如果依據運動經營管理的角度來分類運動競賽,鍾天朗(2004)則是將運動賽會分為正規比賽、商業性比賽、群眾性體育比賽等等,而這些比賽的差別與特性分述如下:

一、正規比賽

　　一般指的是國際、洲際、國家或地方組織所舉辦的各項正式運動競賽,例如奧運會、冬季奧運、亞運會、世界盃足球賽、全國運動會等等。正規比賽的特色是規模較大、參與的選手人數較多、有較高的競技水平,因此舉辦賽會的經費較多,但是賽會本身所產生的經濟效益也較高,另一方面正規比賽常常受到較多人的關注,因此比較容易獲得贊助以及電視媒體的轉播權利金。

二、商業性比賽

　　一般指的是以民間企業為主體的營利組織所舉辦的運動項目比賽,最常見的是職業運動比賽,這類比賽通常由職業運動組織或球團來主導運動競賽,例如美國的NBA職業籃球、世界各國的職業運動比賽等等。這類比賽的特性是具有最高水準的競技比賽、重視商業化的行銷管理與

結合媒體來包裝行銷，而且職業運動比賽所創造的市場規模與經濟效益是相當龐大的，同時也是帶動運動產業成長與發展的重要動力。

三、群眾性體育比賽

這類運動賽會主要的目標在於推展全民運動，希望能鼓勵民眾與社會大眾參與運動，因此在運動競技水準上與正規比賽或商業性比賽相較就比較低，例如民間企業團體的員工運動會，或是地方社區所舉辦的運動賽會，此類比賽的資金與規模通常較小，而且其創造的經濟效益也有限，不過這類運動賽會卻是運動產業發展的基礎。

第二節　舉辦運動賽會的效益

運動賽會的經營管理是21世紀運動產業發展過程中的熱門領域，因為運動賽會的舉辦創造了龐大的經濟價值，同時也可以帶動周邊產業的發展，但是在早期許多運動賽會的舉辦大多是虧錢的，例如：1972年的慕尼黑奧運，總共花了10億美元；1976年的蒙特婁奧運，則花了20多億美元；而1980年的莫斯科奧運，更花了90多億美元。為了應付這些龐大的支出，各國政府往往需要給予財政上的資助，如1976年蒙特婁奧運會，加拿大政府便大量撥款，導致負債高達10億美元（林房儹等，2004）。而政府之所以願意舉辦運動賽會，主要是看重運動賽會的非經濟功能，對於國家而言，舉辦運動賽會可以提高國際中的聲望，成為一種政治工具，1936年的柏林奧運、1980年的莫斯科奧運，就是最好的例子，除了政治上的目的外，運動賽會的舉辦也可能和區域發展有關，透過運動賽會的舉辦來帶動地方經濟發展，提供就業機會。

現代運動賽會的經濟特色主要是規模大、資金多，而且運動賽會所產生的直接與間接效益也越來越多，也因為運動賽會可以產生多重的效

益，因此也成爲企業贊助運動賽會的動機，Getz（1998）認爲，舉辦運動賽會，尤其是國際型的綜合運動賽會，可以帶來以下幾點益處：(1)吸引大量遊客；(2)塑造主辦國家城市的良好形象；(3)增加主辦國家城市的媒體曝光度；(4)促進旅遊業成長；(5)增加社區組織與行銷相關活動的能力；(6)爭取經費興建運動場館設施；(7)促進現有場館的使用率與營收；(8)提升社區運動風氣與對運動賽會的支持。

　　以下則是將運動賽會所產生的效益分爲經濟效益、非經濟效益及負面效應來說明。

一、舉辦運動賽會的經濟效益

　　大型運動賽會的舉辦，可爲國家經濟帶來極大的效益，以南韓和日本共同舉辦的世界盃爲例，根據韓國政府的統計，這個賽事可以爲南韓的製造業創造96億美元的經濟效益，在餐飲、觀光、服務業各方面帶來44.4億美元的收入，南韓政府有計畫、有步驟的藉由舉辦國際活動來推動大型建設，政府除了擴大財政支出，加速公共建設外，更開辦境外金融中心業務，鼓勵外資進入，各種政策的推展就是爲了躋身世界舞台，激發民族意識，鼓舞民心士氣。事實上，除了比賽期間的活動外，韓國和日本早就開始進行商業活動，包括：新建與修整足球場、行銷比賽現場門票、協調電視實況轉播權和轉播權利金、媒體宣傳報導、製作銷售紀念商品、製播廣告、規劃運動觀光旅遊以及發行運動彩券等，產生相當大的產業關聯及效益（行政院體委會，2005）。

　　除此之外，韓國在1988年舉辦漢城奧運會後，經濟年均增長率達12%，國民平均所得從1985年的2,300美元提升到1990年的6,300美元，到了1995年更達10,000美元。相同的，1992年西班牙舉辦巴塞隆納奧運，讓西班牙人縮小與歐盟其他成員的差距，在1986年西班牙初加入歐盟時，國民所得僅7,000美元，而目前已達19,000美元（王書錚，2003）。2000年雪梨奧運會在澳洲的全國經濟效益高達122億澳幣，而且此經濟

效益延續至少十年，也顯示出經過完善的規劃與經營管理，舉辦大型運動賽會的確會創造龐大的經濟效益。

運動賽會之所以會帶來龐大的經濟效益，主要的原因是舉辦運動賽會會引發不同的關聯效果。高俊雄（2002）指出，運動賽會所引發的關聯效果主要有三類，分別為向前關聯、向後關聯以及水平關聯，當運動賽會趨近開幕，就會引發向前與水平關聯，同時在運動賽會舉辦的背後，還有許多的事件與效應往往被一般人所忽略，因為許多賽會所引發的商業活動往往早在多年前就開始運作。

二、舉辦運動賽會的非經濟效益

舉辦運動賽會除了產生一定的經濟效益外，還有許多其他的非經濟效益，以下列舉幾項舉辦運動賽會常見的效益：

(一)觀光發展上的效益

觀光發展上的效益往往比經濟效益的影響更長遠，藉由運動賽會的舉辦，可以使主辦國或主辦城市許多觀光資源讓更多人更加瞭解。此外，所興建的場館在往後的二、三年當中，亦是一個主要觀光的景點，藉由運動賽會的舉辦，常常是運動觀光產業發展的一個契機。

(二)政治上的效益

舉辦大型運動賽會，在政治上主要是可提升主辦國（或城市）之國際地位。以世界盃足球賽為例，主辦城市至少一個月會成為國際焦點，單就長期效益而言，就不能以金錢、經濟數字來衡量。同時藉由賽會也可以提升政治人物之聲望，雖然兩個主辦國都有經濟上的問題存在，但主政者卻希望可藉由賽會來宣揚自我之政績，暫時解決經濟等問題，有利於確保自我之政治地位。

(三)文化與認同效益

在全球化的今日，在地文化的推展具有其重要性，舉辦大型運動賽會可以讓更多的觀光客（或球迷）以及參賽球隊體驗主辦國或主辦城市的食、衣、住、行，在具有該國文化建築風貌的比賽場館觀賽後，反而讓他們更瞭解在地文化，另一方面也可讓自己的人民甚至年輕的一代更瞭解其本土文化。

(四)健康與增強國力效益

舉辦運動賽會，可以鼓勵民眾參與或觀賞運動，促進國民身心健康、降低社會成本、提高生產力等效益。

綜上所述，若從正面的角度來看待運動賽會所帶來的效益，大型運動賽會直接與間接的效益是非常可觀的，無論是企業贊助的金額、電視媒體的轉播權利金，或者是運動賽會觀眾所帶來的門票收入和觀光旅遊消費，也都日益增加，甚至對政治文化也都產生重大的影響，由此可見運動賽會對運動產業發展的影響力。

三、舉辦運動賽會的負面效應

雖然舉辦運動賽會會產生正面的經濟效益或是間接的其他效益，但是往往也會有一些負面的效應是值得我們注意的，例如：

(一)建設經費的排擠效應

雖然投入大量資本在運動場館與周邊建設可以獲得一定的利益，但若是在資源有限的情況下，在短期內投入大量的政府資源，往往有可能排擠到其他的經費預算，例如社會福利或教育預算等。

(二)社會學中的「馬太效應」

由於政府預算有限,政府增加對某個城市運動設施的投資,就意味著其他城市所獲得的投資將相應減少,這對於其他城市來說,是否意味著不公平呢?換言之,會造成舉辦運動賽會的大型城市將擁有更多的運動場地設施。

(三)奧運的「低谷效應」

歷屆奧運會的回顧中,人們發現了這樣一個事實,即一旦奧運會結束之後,舉辦城市或者舉辦國往往會陷入一定程度的衰退,這就是所謂奧運的「低谷效應」。因為在大型賽會的舉辦期間,由於投資的大幅增加,從而拉動了經濟的快速增長與就業機會增加。但是一旦運動賽會結束之後,投資將會發生萎縮,運動場館和設施將發生一定程度的閒置,觀光旅遊人口下降,失業人數將重新攀升,從而對大型賽會舉辦國的經濟造成明顯的負面衝擊。

綜上所述,林房儹等(2004)也從八十位體育相關從業人員所組成的專家學者中,透過腦力激盪和德爾菲法來探討舉辦運動賽會可能的影響與效益,歸納成以下的幾個面向,可以從比較完整的角度得知舉辦運動賽會的效益與影響(**表4-1**)。

 第三節　國內運動賽會的舉辦

世界上知名的城市,都舉辦過重要的運動賽事,例如北京奧運、倫敦奧運,此外,也有以馬拉松賽事聞名的知名城市,例如全球六大馬拉松賽事——德國的柏林馬拉松(Berlin Marathon)、美國的紐約馬拉松(New York City Marathon)、日本的東京馬拉松(Tokyo Marathon)、

表4-1 舉辦運動賽會的效益與影響

不同面向	舉辦運動賽會的效益與影響
體育教育面向	1.提升競技運動水準與風氣。 2.增進國民對健康、體育、休閒、運動與舞蹈的相關知識。 3.增加民眾的向心力。 4.提升運動人口。 5.改善或興建運動場館。 6.提供民眾健康的休閒機會。 7.增加選手參加大型比賽經驗及提升抗壓性。 8.培養觀賞運動比賽的能力。 9.增進專業人才培育體系與架構。
經濟面向	1.促進運動產業發展並帶動各產業產值增加。 2.提高國民所得。 3.創造就業機會。 4.促成都市計畫發展。 5.吸引外商投資。 6.促進運動觀光事業。 7.促進市場交易。 8.增加國家稅收。 9.促進運動資訊傳播事業發展。
政治面向	1.提升國際地位與知名度。 2.建立國際關係與展現國家實力。 3.改善台海敵對情勢。 4.促進政黨和諧及中央與地方之整合。 5.營造和平氣氛。 6.提高國家意識。
文化藝術面向	1.促進文化藝術建設。 2.提供大型音樂、舞蹈和民俗文化展演機會。 3.提供美術、攝影、雕刻、圖片、書籍、講座展示機會。 4.提供國際體育文化藝術交流。 5.激勵文化藝術創作能力。 6.增加民眾對文化藝術的鑑賞能力。
其他面向	1.改善社會治安。 2.重視環保。 3.促進族群和諧。

美國的波士頓馬拉松（Boston Marathon）、英國的倫敦馬拉松（London Marathon）、美國的芝加哥馬拉松（Chicago Marathon），每場賽事本身不僅是一場高水準的國際運動賽事，也帶動了整體運動觀光與運動產業的發展，創造龐大的經濟效益。

近年來運動風氣逐漸興盛，因此無論是國內的中小型運動賽會、各項單項運動競賽，甚至積極爭取大型運動賽會已經成為一種普遍的現象，依據體育署統計資料顯示，在台灣舉辦的國際運動賽事場次自2016年108場成長至2019年137場，吸引國外參賽選手來台參賽人次由1萬人次增加至1萬8,000人次；現場觀賽的觀眾人次由70萬突破至100萬人次；媒體觀賽人數更由5,000萬逐步成長超過1億人次（體育署，2020）。由以上數據，可暸解國際運動賽事的舉辦除了可提供選手競技舞台、提升國家競技運動實力外，更可建立國家或城市的知名度，同時帶動運動觀光及周邊運動產業發展的經濟效益。

教育部體育署從2017年開始積極蒐集運動賽事的經濟效益與分析相關資料，建構運動賽事經濟效益的基礎資料，根據體育署委託計畫資料顯示，從**表4-2**中，可以看出多數的國際賽事之總產出效果皆超過1億元（陳成業，2020）。

表4-2 國際賽事總產出效果

賽會名稱	總產出效果
2017年第4屆世界盃少棒錦標賽	1億1,596萬
2017年第28屆亞洲棒球錦標賽	3,025萬
WTA 2018台灣公開賽	1億3,757萬
2018年第40屆威廉瓊斯盃國際籃球邀請賽	1億3,264萬
2018年裙襬搖搖LPGA台灣錦標賽	1億4,357萬
2019國際自由車環台公路大賽	7,551萬
2019年第5屆U12世界盃棒球賽	1億5,854萬
2019年FINA馬拉松游泳世界錦標賽巡迴賽——南投站	1,292萬
2019世界棒球12強賽	2億2,408萬

此外，體育署也致力打造台灣品牌國際賽事，2020年首次辦理「夯運動大賞」人氣票選活動，回顧近兩年在台舉辦的精采賽事，以「行銷力」、「收視力」、「參與力」及「經濟力」四項指標，從三十場潛力賽事評分遴選出前十二名精選國際賽，包括足以代表台灣行銷國際且最有價值的「MVP賽事」、具培育為MVP潛力的「績優賽事」，以及深具培育青少年選手意義或賽事屆數三屆以下且表現最突出的「新星賽事」，值得所有體育運動愛好者共同關注，12精選國際賽事介紹如**表4-3**：

表4-3　台灣精選12國際賽事

獎項類別	賽事名稱	賽事特色簡介
MVP 賽事	世界棒球12強賽	世界棒壘球總會為了提升棒球運動的國際能見度，每四年舉辦一屆，由棒球世界排名前12名的國家隊取得參賽權。2019年在台中及桃園賽事期間，吸引大批國內外媒體、球迷現場觀賽以及媒體網路瀏覽賽事。
	台北馬拉松	台北馬拉松在2019年成為台灣第一個通過IAAF銅標籤認證的市區馬拉松，2019年創下國內25,061人、國外62國2,939人的參賽紀錄，預計2021年將以全新賽道申請金標籤認證
	台北羽球公開賽	台北羽球公開賽是台灣最高等級的羽球賽事，亦是世界排名積分賽中的重要一站，2019年在台北小巨蛋舉辦，各國頂尖球星來台爭奪奧運積分，也吸引各國媒體報導及球迷觀賽。
	國際自由車環台公路大賽	國際自由車環台公路大賽自1978年首度舉辦，並於2005年由國際自由車總會列入亞洲巡迴賽事，是台灣唯一經國際自由車總會（UCI）認證的2.1級自由車公路多日賽事，也是亞洲巡迴洲際公路賽具代表性的重要賽會之一。
績優賽事	新北市萬金石馬拉松	新北市萬金石馬拉松起源於2003年的金山馬拉松，於2017通過國際田徑總會（IAAF）銀標籤（SILVER）認證，成為台灣最具代表性馬拉松賽事之一，讓新北市成功躍上世界體育舞台。

運動產業概論

（續）表4-3　台灣精選12國際賽事

獎項類別	賽事名稱	賽事特色簡介
	台灣裙襬搖搖LPGA	2011年以單一球隊力量成功主辦裙襬搖搖國際女子高球邀請賽，2014年，裙襬搖搖高爾夫基金會揮軍美國，冠名贊助在舊金山舉行的裙襬搖搖LPGA菁英賽，裙襬搖搖基金會於2017年回到台灣冠名贊助台灣最頂級的職業運動賽，事正式命名為「裙襬搖搖LPGA台灣錦標賽」，2019年成為教育部體育署精選的「台灣品牌國際賽事」之一，因此正式更名為「台灣裙襬搖搖LPGA」。
	威廉瓊斯盃國際籃球邀請賽	威廉瓊斯盃國際籃球邀請賽是1978年起在台灣舉辦的國際性籃球賽事，每年7、8月期間在台灣舉辦，由中華民國籃球協會主辦，邀請亞洲、美洲、歐洲及非洲等世界各國隊伍參加，分為男子組和女子組，為我國目前歷史最久也是最大之國際籃球賽事。
	台北海碩網球公開賽	2007年海碩集團首度舉辦「海碩國際職業女子網球公開賽」，「海碩國際網球系列賽」至今獲得球迷、選手、WTA、ATP官方高度讚賞，成為台灣年度重要且具代表性的網球國際體育賽事，提供全世界頂尖好手高水準的競技舞台，並曾孕育出多位世界球王與球后。
新星賽事	諸羅山盃國際軟式少年棒球邀請賽	1998年第1屆「諸羅山盃」邀請賽在35支隊伍參賽下正式誕生，到2020年邁入第23屆，近幾年都吸引超過200隊以上的國內外少年棒球隊到嘉義，使得嘉義市已然成為台灣的棒球城市。
	棲蘭100林道越野賽	棲蘭100林道越野賽為參加山徑越野世界盃錦標賽遴選國家代表隊賽事之一。同時也是國際越野跑協會（ITRA）越野積分賽之一，賽事特色為跑進棲蘭100林道，穿越台灣特有台灣衫、紅檜、扁柏森林。
	台北國際金卡納大獎賽	2019年「台北國際金卡納大獎賽」在台北市凱達格蘭大道上舉行，共有來自世界5大洲12國、36名男女金卡納好手前來參賽。是我國首次辦理洲際性的金卡納賽事，也是獲得國際汽車聯盟認可的全球性金卡納賽事。
	日月潭萬人泳渡& FINA世界馬拉松游泳系列賽（南投站）	「FINA世界馬拉松游泳系列賽」（FINA Marathon Swim World Series）為國際游泳總會主辦的10公里長泳賽事，2019年在全球共舉辦9站賽事，南投縣日月潭為第8站，也是我國首次辦理FINA授權的正式賽事。有來自11國逾40名世界長泳好手參加，本賽事成為南投知名國際賽事，有助於將日月潭的美推向世界。

運動賽事介紹——台灣米倉田中馬拉松

　　台灣每年舉辦超過600場以上的路跑馬拉松賽事，然而在許多跑者心中最熱情歡樂的馬拉松賽事一定會想到田中馬拉松，第1屆的台灣米倉田中馬拉松於2012年11月舉辦，首屆參賽人數僅有4,261人，但是到了2017年參賽選手約為15,000人，其中包含706位海外跑者，2018年約有16,500人參賽，國外跑者人數突破1,000人，包含來自馬來西亞、日本等18國，2019年約有16,400人參賽，但是中籤率僅29.41%，是台灣每年舉辦600多場馬拉松賽事中最難中籤的馬拉松賽事，每年賽事志工多達6,000位。

　　台灣米倉田中馬拉松的特色，希望營造的不只是路跑賽事活動，而是友善熱情的田中米倉地方品牌，因此主辦單位將台灣的米倉田中加入賽事名稱，而為吸引國際跑者，也將「Rice Heaven」稻米天堂的英文品牌加入賽事名稱，在整體行銷上以居民熱情的加油聲為在地意象納為賽事識別系統，此外，主辦單位也積極藉由建立海外報名平台、邀請國外旅行社踩線團、成功將台灣米倉田中馬拉松打造為「台灣最熱情」的台灣品牌國際賽事，因此與台北馬拉松、新北萬金石馬拉松及高雄馬拉松並列為台灣四大馬拉松賽事，成為「台灣品牌國際賽事」。

資料來源：陳心微、許程淯、鄭宗政（2020）。

第四節　國內運動賽會辦理的趨勢

　　雖然辦理運動賽會可以創造許多正面的效益，然而依照過去的經驗，一次成功的運動會必須不斷的創新和把握幾個原則，在過去，往往可以發現以下幾個問題：

1.場館運動設施不足，缺乏專人維護及管理，導致許多場館因應賽會而興建，賽會結束後卻又閒置無法充分利用。
2.體育運動專業人才與運動賽會管理行銷體系不健全，許多活動皆採用外包制，專業的可取代性高。
3.運動贊助的效益低，導致企業寧可贊助國際型的賽會。

因此，展望未來，國內辦理運動賽會有以下幾點發展的方向，希望能藉由這些轉變，提升運動賽會的水準與品質，創造更多的附加價值。

1.運動賽會可以結合更多藝文活動作為大會主題的系列活動，例如舞蹈、音樂會等。
2.積極開發運動賽會周邊的系列商品。
3.場館建設應於比賽後，提出明確之營運計畫，並定期考評。
4.體育專業人力培育單位必須主動參與各項運動賽會，使學生能獲得更多實務經驗。
5.以創新的觀念活化運動贊助，宣導運動賽會與贊助經濟效益外的其他效益。

為了達到上述之目標，需要產官學界共同努力合作，才能透過運動賽事的舉辦來帶動運動相關產業發展，政府應積極輔導地方政府及體育團體爭取各項國際運動賽會在台舉行，並協助建立各項運動賽會之品牌、行銷與贊助的方法，以尋找其各自擁有之利基與無形資產。而各賽會主辦單會在辦理國際性或全國性運動賽會活動時，必須結合自然、地理、歷史、人文、藝術、產業之特色辦理周邊活動，及進行相關造勢與宣傳活動，以強化豐富賽會活動內容，吸引民眾參與觀賞運動賽會活動。並運用傳媒力量，運用平面和電子媒體對賽會展開強力促銷行動，以體育活動為主，文化及觀光為輔，創造賽會活動的商機，促進區域經濟發展。除此之外，職業運動的健全發展與運動賽會籌辦、運動行銷企劃、運動休閒技能指導及運動場館營運專業人才的培育，都是未來運動

賽會成功舉辦的關鍵。

研習資訊 　品牌國際賽事研習

　　台灣每年舉辦超過百場國際運動賽事，然而要如何透過運動賽事，培養運動賽會的專業人才同時打造台灣品牌？因此體育署108年開始便推出「形塑台灣品牌國際賽事計畫」，並成立「台灣品牌國際賽事輔導團」，讓在台灣舉辦的國際賽事能更進一步提升賽事品牌價值，最終達到「看到賽事品牌或聽到口號，就能聯想到台灣」的目標。希望藉由具行銷國際及地方特色的優質運動賽事，創造觀光與運動消費等經濟效益。因此體育署在2020年辦理3場「品牌國際賽事研習活動」，邀請具有實務經驗輔導團委員擔任講者，透過知名行銷公司及媒體人的業界實務經驗，分享打造賽事品牌及行銷操作之經驗，第1場以「品牌基礎建構」為主軸，講解何謂品牌、IP重要性以及如何吸引更多贊助商投入；第2場以「品牌內涵增值」為主題，學習透過視覺設計包裝讓賽事更加吸睛，經營社群增加粉絲互動以及結合舉辦城市觀光增加賽事娛樂性；第3場則以「品牌形象經營」為主，解說透過良好整合行銷策略及善用溝通工具，使民眾有感並進而願意實際進場觀賽，加深品牌服務體驗，並結合大眾媒體影響力，為自身賽事品牌形象加分。所有課程都可至「夯運動 in Taiwan」YouTube頻道觀看。因此若你想具備舉辦國際運動賽事的觀念與專業能力，就必須不斷充實與學習。

資料來源：教育部全球資訊網，https://www.edu.tw/News_Content.aspx?n=9E7AC8
　　　　　5F1954DDA8&s=71F515041F984D36

結　語

　　運動休閒服務業的範疇相當廣泛，目前尚無法定或學術上的標準定義和分類，然而運動賽會及活動的舉辦卻可說是運動休閒服務業的總集成。因為就運動賽會的舉辦而言，其周邊相關的活動就包括了場地器材的增購及維護；周邊文化藝術表演活動及其他宣傳活動；媒體轉播及報

導；宣傳及行銷工作；紀念商品、廣告及贊助、代言等。因此舉辦運動賽會所帶來經濟和非經濟的效益是相當龐大的，更可帶動運動休閒產業的蓬勃發展。此外，國際運動賽會的舉辦也是躍升體育運動開發文明國家的表徵，由世界各國積極申辦各項國際運動賽會的熱絡情況可以看出目前大型國際運動賽會之舉辦，已成為躋身現代化先進國家之重要指標活動。

　　整體而言，大型運動賽會的舉辦，如果經營得善，其本身所帶來的利益是非常多元且龐大的，而一個賽事的經營成功，除了行銷策略運用的成功之外，更須主辦國對於賽事的用心。因此建議我國可選擇並爭取一些大型優良國際賽會在台舉辦，此外，審慎開發運動賽事市場，並且學習經營成功的賽會活動，也許我們距離國際賽事成功的路還很遙遠，但從小型的國際比賽開始，台灣的運動賽事也會慢慢地獲得國際的重視，並且帶動台灣經濟、社會、文化等整體之發展。

問題與討論

一、請說明運動賽會的定義，一般而言運動賽會可以區分為哪幾種類別？

二、為什麼運動賽會的舉辦和運動產業發展有密切的關聯？請就運動賽會舉辦所引發的關聯效果說明之。

三、舉辦大型運動賽會可以帶來何種效益？請就經濟效益和其他效益說明之。

四、舉辦運動賽會除了有許多正面的效益外，也可能產生一些負面的效應，請說明之。

王書錚（2003）。《中共籌辦二〇〇八年奧運對北京市發展可能影響——北京奧運經濟個案分析》。國立台灣大學國家發展研究所碩士論文。

行政院體委會（2005）。〈推動運動休閒服務業發展主軸措施——活化運動賽會〉。《國民體育季刊》，145，4-6。

李昱叡、曾國維、黃冠銘、傅思凱（2020）。〈我國參加2020東京奧運競賽種類與選手評析〉。《國民體育季刊》，202，19-30。

林房儹、林文郎、莊木貴、黃煜、張振崗、呂佳霙、王慶堂（2004）。《我國運動休閒產業發展策略之研究》。行政院體育委員會。

高俊雄（2002）。〈運動休閒產業關聯〉。《國民體育季刊》，31(4)，13-17。

陳心微、許程淯、鄭宗政（2020）。〈台灣品牌國際賽事之建構——以台灣米倉田中馬拉松為例〉。《國民體育季刊》，204，50-54。

陳成業（2020）。〈從經濟效益層面探討國際賽事的舉辦〉。《國民體育季刊》，204，13-15。

鍾天朗（2004）。《體育經濟學概論》。上海：復旦大學出版社。

體育署（2020）。《夯運動IN TAIWAN國際賽事成果專刊》。台北：體育署。

體育署（2020）。〈百場國際賽事在台灣〉。《國民體育季刊》，204，2-3。

Getz, D. (1998). Trends, strategies, and issues in sport-event tourism. *Sport Marketing Quarterly*, 7, 8-13.

Chapter 5

運動場館設施與運動產業

閱讀完本章，你應該能：

· 瞭解運動場館的定義與類別
· 知道國內運動場館發展的過程
· 知道國內運動場館的產值與改善現況
· 知道運動場館發展的趨勢與方向

前 言

　　運動場館是人們參與體育活動的場所，同時也是國家發展體育的重要基本條件。體育館的建築與建造，是人類結合建築科學與藝術創作美學的智慧結晶，它是一個集運動、訓練、比賽、藝文、展覽、集會等綜合休閒活動中心，民眾參加健身俱樂部需要運動場館，運動員訓練也需要場館，運動賽會及職業運動比賽也需要場館。此外，在經濟發展的今日，一個現代化與全球化的都市是離不開運動場館建設的，一個健全完善的運動園區和運動場館，其實就如同交通、通訊、飯店一般，是城市現代化的基本建設，而就運動產業的市場而言，有很大的部分發生在運動場館中，因此運動場館的數量與管理不僅是運動產業發展的條件，同時也是運動產業發展的基礎，無論是國家政策或是民間運動產業都無可避免的要和運動場館產生關聯。近年來為了興建更多的運動場館設施，政府援用民間參與公共工程建設條例的精神，鼓勵民間以BOT、ROT或者OT的方式參與運動建設，已有逐漸增多的成功案例。此外，許多大專院校因應校務基金自籌經費的政策，也利用學校運動場館設施的開放與營運，提高場館的使用率，同時也是學校籌募基金的最佳管道，在國內著名的有文化大學、台灣大學、逢甲大學的體育館，都擁有相當完善的運動設施與服務，然而隨著國內大型運動場館陸續興建完成，如何培育更專業的經營管理人才，引進國外更先進的經營觀念與策略，以提高運動場館的產值及效益，則有待更多學者專家和專業團隊的共同努力。故本章討論的重點在於運動產業範疇中運動場館的角色與功能、運動場館的產值，以及運動場館發展的趨勢與方向。

第一節 運動場館的定義與類別

運動場館的興建是具有多重意義的，一方面可以提供全民運動以及競技運動發展的基礎，另一方面它也往往是一個國家或城市的指標。一座現代化的運動場館經常是全世界關注的焦點，因此運動場館不僅對運動或運動產業本身，同時對於國家社會都有積極的作用。運動場館在運動產業中應該是一個主要的窗口，無論是民眾參與健身活動或是觀賞競賽表演，運動場館都提供了它本身的價值創造，所以說運動場館是一個有形的、主要的基本市場，以下分別說明運動場館的定義、運動場館的分類以及運動場館設施的任務。

一、運動場館的定義

運動場館是進行運動訓練、運動競賽、休閒運動及比賽觀賞的專業場所，因此運動場館的種類數量與經營管理和人們的生活是有密切相關的。基於上述的目的，我們可以把運動場館定義為：「所謂運動場館指的是為了滿足運動訓練、運動競賽、休閒運動、運動觀賞及運動消費需求而興建的各類運動場館的總稱。」它的內容包含了提供各類體育運動需求的體育場館、游泳池、室內外球場、運動俱樂部等場地。

除了運動場館的定義外，運動場館也經常包括了場地及周邊設施。蔡厚男（2004）認為，運動設施指的是從事運動行為所需的活動器材，包含「器具」、「設備」等所構成的硬體設施，是運動事業發展最基本的環境條件；而運動場館則是從事運動行為的活動場所，包含室內外運動場、體育館、游泳池及其他運動場之總稱。因此，運動場館依其經營者與目的之不同而有不同的類型，政府機構會依其政策需要而興建運動場、體育館、游泳池和各式專用運動場館，作為運動競賽舉辦或提供訓

練場地以提升競技水準之用；教育單位也會在學校興建各項運動場館設施，作為體育運動教學與訓練之用；地方政府則會規劃運動公園、河濱公園、登山步道、自行車道等休閒運動設施，作為推展全民運動以及提升社區居民運動健康意識；民間企業團體則是投資興建健身俱樂部、高爾夫球場、保齡球館、游泳池來作為營業及賺取利潤之用。

二、運動場館的分類

根據行政院主計處的調查與分類，所謂運動場館業乃指從事競技及休閒體育場館（包括各種練習場）經營之行業，而運動場館的範圍包括體育館、健身中心、籃球場、棒球場、壘球場、網球場、手球場、羽球場、排球場、足球場、田徑場、撞球場、壁球場、合球場、桌球館、技擊館、拳擊館、柔道館、跆拳道館、空手道館、合氣道館、舉重館、保齡球館、溜冰場、滑雪場、滑草場、滑冰館、射擊場、馬術場、高爾夫練習場、棒球打擊場、游泳池、海水浴場、沙灘排球場、攀岩場、漆彈運動場等。

根據上述運動場館的定義和行政院主計處的調查與分類，可以發現運動場館的種類繁多，不同的運動項目有不同的運動場館，不同的需求也會有不同的運動場館，因此運動場館的分類可以整理如**表5-1**。

表5-1 運動場館的分類

分類別	運動場館內容
以項目分類	1.單項體育運動場館（如棒球場、羽球館、游泳館）。 2.綜合性體育運動場館（可以進行多項運動競賽與活動）。
以用途分類	1.練習場館（作為一般訓練、教學及休閒用途）。 2.比賽場館（作為正式比賽或是觀賞比賽用途）。
以管理形式分類	1.公共體育運動場館（如縣市體育場）。 2.學校運動場館（如大專院校運動場館）。 3.商業運動場館（如聯園活動中心）。

鄭良一（2002）在其《全球運動場館建築：涵蓋100個國家的田野調查》中，依據運動場館的運動類型或是使用型態的差異，做出如**表5-2**之類型分類。

表5-2　依使用型態差異分類的運動場館

運動類型	使用型態	運動場館類型
競技運動	室外	奧林匹克競技場（大型室外運動場）
		國家競技場（大型室外運動場）
		縣立運動場（綜合性運動場）
		單類運動競技場
	室內	大型室內運動場
		綜合性運動場
		水上運動中心
學校體育	室外	游泳池
		運動場（各種室外運動場）
	室內	體育館（綜合性活動中心）
		游泳館
		單類運動場館
		體適能中心（健康中心）
休閒運動	公共空間	社區健康運動中心
		地區性運動公園
		自然廣域運動場
	商業活動	俱樂部（休閒健康中心、各種運動俱樂部）
		水上公園（室內海洋樂園、戶外水上樂園）
		溫泉健康保養地
		觀光休閒（渡假中心、旅館健康中心、輪船運動設施）
	企業團體	公營事業機關團體
		企業公司休閒運動場館
		非營利民間組織運動場館

三、運動場館設施的任務

運動場館設施是運動產業的重要組成部分，同時也是運動產業發展的基礎要件之一，就運動場館設施的功能和任務而論，運動場館設施肩負著以下兩個重要功能：

(一)提供運動服務產品以滿足民眾或消費者的需求

產品則包括了硬體設施的提供與使用，除此之外也要提供各式運動服務與訓練課程，因為提供運動服務產品不僅是運動場館設施的基本功能，同時也是經營管理的重要任務，因此運動場館必須主動積極爭取辦理各項運動競賽、體育表演及各類型體育活動，來滿足民眾及消費者的需求。

(二)提供運動之外的各項服務以提高運動場館設施的使用率

因為運動競賽與活動的數量有限，運動場館若只限於提供運動產品服務，場館設施往往就容易被閒置，因此若能提供場地作為演唱會、發表會或是各類型的展覽，一方面可以提高場館的使用率，另一方面也可以創造更多的經濟價值。

第二節　國內運動場館發展的過程與規劃

一、國內運動場館發展的過程

早期國內運動場館設施的成立和政策的主導有絕大的關聯性，尤

其教育部體育司在民國62年10月31日才成立後，各級學校之田徑場、體育館、游泳池及各種球場，才逐年擴增增建，縣市較具規模之綜合運動場，亦配合舉辦台灣區運動會之機會陸續擴建，全天候塑膠跑道及球場也是在此一時期出現，高雄市立體育場田徑場於民國63年率先使用速維龍跑道，接著十年內，各縣市體育場均新建或改建全天候之跑道，並興建相當規模之體育館（蔡長啓，1993）。

　　民國69年所公布的「積極推展全民體育運動重要措施」，其中第一大類重要措施便是大量增建各項運動場地並充實設備，其內容包括台北市興建符合國際標準之現代化體育館，林口籌建中之中正運動公園，高雄市及台灣省各縣市體育場之充實設備。同時並積極執行基層建設案，修建各鄉鎮區運動場所，達到在兩年內每一鄉鎮均有游泳池，每一社區均有運動場的目標。

　　民國74年彰化縣辦理台灣區運動會花費新台幣8億元興建運動館場，使得運動場館的規模逐漸擴大，開近年區運興建大規模場館風氣之先；民國75年高雄市區運會也投資十餘億興建中正體育園區；到了民國78年，行政院核定「國家體育建設中程計畫」，計畫自民國78年7月～82年6月，其計畫內容大致與民國76年之計畫內容維持連貫，在場地設施部分則是希望四年內各級學校增建100座以上之體育館或運動場，各縣市增建36處以上之運動公園及簡易運動場所，作為民眾休閒運動和舉辦比賽之場地；到了民國82年桃園區運會桃園縣政府投入軟硬體之建設金額更高達30億元之譜；民國86年嘉義縣辦理台灣區運動會興建成立嘉義縣立體育場亦投資二十餘億元，興論對政府投入龐大經費興建運動場館卻無法有效經營管理發揮其效能普遍提出質疑（王慶堂，2002）。

　　80年代公共體育場之興建仍未脫離為運動會建場地之思維，但賽後場地之使用與管理卻有了新出路，民國86年嘉義縣政府籌辦完區運會後，將田徑場與游泳池以每年一千餘萬元租借予國立台灣體育學院作為嘉義校區使用；民國90年花蓮縣政府籌辦全國中等學校運動會後，於27公頃的園區中設置了縣立體育實驗中學，惟公共運動場館轉型成為學校

校舍後，其作為公共運動推展之設置目標與學校教學及安全管理認知間的差距要如何弭平，仍是一個未解的課題。公共場館的興建因為上述的種種問題，也因此造成運動場館興建的規模又縮小，而以單項運動場館的興建為主。

由上述之整理可以發現，無論是各縣市或學校之場地運動設施，都逐年的擴增興建，一方面可以配合體育政策對於全民運動與競技運動的推展，而另一方面也讓運動產業的發展奠定了良好的基礎。無論中央或是地方，皆配合上述之體育政策，編列巨額經費與預算來辦理，除了教育部補助興建之林口中正體育園區及左營運動訓練中心外，高雄市之大型運動公園及台北市之現代化足球場，都是中央政府補助，分別由兩市府所興建（蔡長啓，1991）。

二、近年來國內運動場館設施的政策規劃

優質運動環境以及方便舒適與高品質的各類運動場館，是體育運動參與和運動產業發展的基礎之一，同時也是體育政策重要的施政目標，而我國運動場館設施的主要需求預算，多是依據政府公共建設計畫預算逐年編列，近年來體育署的場館興整建預算，自2013年至2019年分別為20.49億元、25.28億元、49.53億元、37.67億元、19.96億元、6.77億元及6.59億元（官文炎、薛銘卿、張智涵，2019），除此之外，2017年起體育署則配合行政院推動前瞻基礎建設計畫，研提「營造休閒運動環境計畫」爭取特別預算，分別執行營造優質友善運動場館設施計畫、營造友善自行車道計畫及改善水域運動環境計畫，來改善全國各地之運動休閒場館設施軟硬體品質，提升運動參與風氣。

而根據上述說明，同時為配合國家建設永續發展，提供國人多元且安全的休閒運動環境，因此近年來也針對民眾喜愛的運動項目，例如：自行車運動部分提出全國自行車道系統計畫，逐步建構全台各地的自行車道；以及健身運動的盛行，推動國民運動中心及各縣市休閒運動設施

的興建，其相關政策的規劃執行情形如下（高俊雄，2019）：

1. 自行車道整體路網串連建設計畫：體委會自2002年起至2011年止，編列約50億元辦理自行車道規劃與興設，共計完成2,272公里自行車道之建置；體育署自2013年至2018年，編列經費約12億元，辦理全台自行車道之優質化串聯，提供國人安全、舒適的自行車騎乘環境。

2. 改善國民運動環境計畫：體委會於2010年至2017年，編列預算110.79億元，在全國各地興設運動公園、棒壘球場及30座國民運動中心等各類運動休閒設施，營造優質的全民運動環境。

3. 2017台北世界大學運動會場館興整建計畫：為完善2017年世大運的競賽場館，體育署自2013年至2017年，編列34.48億元，補助辦理賽會之縣市政府及14所公、私立大學，興整建符合國際標準之競賽場地。

4. 國家運動園區整體興設計畫：為打造國家級運動訓練中心與訓練基地，行政院於2009年核定「國家運動園區整體興設與人才培育計畫」，第一期計畫執行期程為2009～2015年，總經費共計57.52億元，第二期計畫期程為2016～2019年，執行經費共計35.41億元，第三期計畫期程為2020～2024年，核定經費63.62億元，打造完善的國家運動園區硬體設備。

5. 前瞻計畫：行政院於2017年核定「營造休閒運動環境計畫」，計畫經費共計100億元。主要計畫目標包含營造優質友善運動場館設施、營造友善自行車道及改善水域運動環境。

 第三節　運動場館的產值與改善現況

一、國內運動場館的產值

　　根據連文榮（2020）統計分析運動場館的產值，將運動場館分為兩大類型，一類是以推廣全民運動為主旨，由政府、社區、學校等單位經營之非營利（公營）設施，如公立運動場館、學校體育場館及設施等。另一類則是以專業運動項目為主，強調使用者付費概念（民營）的營利設施，如撞球場、舞蹈教室、游泳池、健康俱樂部（含各式運動、健身、體適能中心）、高爾夫練習球場等。而資料顯示107年運動場館業的總收入為305.2億元，廠商家數為1,585家，就業人數為25,523人，顯示運動場館的產值在整體運動產業中，也占有相當重要的地位，不過若分析近年來的資料，可以發現歷年運動場館業廠商家數，則處於減少的態勢，分析主要的原因有可能是因為近年來中央政府與地方政府，為推廣全民運動，因此紛紛設置國民運動中心，對於民營業者廠商，產生部分的衝擊，然而展望未來，國人運動健身的風氣不斷提升，顯示運動場館的產值與重要性也將隨之提升。

二、國內運動場館的改善成果與現況

　　近年來國內的運動場館一方面受惠於政策的規劃補助，另一方面則是因民眾運動風氣提升因此對於運動場館的需求大增，因此運動場館設施的質與量有大幅的改善，其改善成果與現況則分三部分說明：

(一)公有與學校場館設施改善成果

根據體育署（2020）所出版的《體育統計》資料顯示，體育署在108年補助興（整）建公有運動設施總計93案，包括縣（市）立運動場館28案，鄉（鎮、市、區）運動場館7案，鄉（鎮、市、區）運動公園15案，社區簡易運動場所31案，運動場館夜間照明設備3案，自行車道5案，其他類（水域運動環境興整建）4案，此外，在補助興（整）建各級學校場地設施數量總計463案，包括操場179案，樂活運動站63案，游泳池37案，室內運動場地49案，室外綜合球場40案，風雨球場27案，籃球場23案，排球場11案，網球場7案，射箭場館6案，足球場12案，棒球場4案，運動步道、拔河場、溜冰場、直排輪、壘球場各1案，如**表5-3**。

表5-3　108年度教育部體育署補助興（整）建公有運動場館與設施數量

單位：案

類別	數量
縣市立運動場館	28
鄉鎮市區運動場館	7
鄉鎮市區運動公園	15
社區簡易運動場所	31
運動場館夜間照明設備	3
自行車道	5
其他類（水域）	4
總計	93

(二)全民運動設施改善成果

根據《體育運動政策白皮書》所規劃的各項全民運動設施改善計畫，2013～2016年已輔導地方政府辦理運動場館設施興（整）建計畫共146案，包含推動改善與充實各種類之運動設施、簡易運動場地維護整修、運動公園興設、社區公立游泳池環境改善等，除此之外，也陸續完

工涵蓋北、中、南部共16座運動中心，另台北市政府自行興建12座、新北市政府自行興建1座，全台已完工運動中心共計31座，提供全民運動的完善場地設施（教育部，2017）。

(三)棒球場地改善成果與現況

棒球運動是國人最喜愛和觀賞的運動項目，因此除了中華職棒的比賽外，更有多項多項國際性棒球賽事在台灣舉辦，包括：洲際盃棒球錦標賽、亞洲棒球錦標賽、世界12強棒球錦標賽等，加上各級棒球聯賽以及休閒性質的慢速壘球參與人數與隊數都快速成長，使得專業棒球比賽場地的需求大增，根據體育署（2017）的資料顯示，台灣目前可以供職棒比賽的場地有16座，相關資料如**表5-4**。

表5-4 台灣目前可以供職棒比賽的場地

項次	球場名稱	啟用年	觀眾席
1	台北天母棒球場	1999	10,000
2	新北新莊棒球場	1997	12,500
3	桃園國際棒球場	2009	18,455
4	新竹中正棒球場	1976	10,000
5	台中棒球場	1935	8,500
6	台中洲際棒球場	2006	19,000
7	雲林斗六棒球場	2005	15,000
8	嘉義市棒球場	1998	10,000
9	嘉義縣棒球場	1996	9,000
12	台南棒球場	1931	12,000
11	高雄立德棒球場	1974	1,285
12	高雄澄清湖棒球場	1999	19,889
13	屏東中正棒球場	1986	10,000
14	宜蘭繫東棒球場	1992	4,500
15	花蓮德興棒球場	2001	5,500
16	台東棒球場	1989	6,500

第四節　運動場館的發展趨勢與方向

一、運動場館現況問題探討

　　我國公共場館在過去受限於時代背景或經濟環境，因此在規劃過程中缺乏整體性、前瞻性，導致目前能舉辦大型國際賽、國家及大型賽會之場地欠缺，又地區性之場館是因應競賽需求而建，因此也無法滿足民眾實際之需要，而學校與社區之運動場館雖然和地方民眾生活圈最為密切，但往往沒有做出完整的開放計畫導致資源的浪費。

　　過去台灣許多公共體育場的興建目的是為了舉辦運動賽會而建，因此在規劃時常忽略了比賽後的經營與管理，尤其在早期所興建的運動場館，無論是學校教學或是運動賽會的舉辦所興建的公共運動設施，都是以公辦公營為主，同時在規劃上偏重於硬體設施，而忽略了營運管理的問題，許多縣市為了舉辦區運，興建了許多運動設施，在區運會結束後往往沒有進一步的規劃與運用，每年僅能由管理單位編列預算，維持最基本的維修，這也是過去運動場館經營管理上的問題。加上近年來政府財政惡化、稅收減少、土地取得不易、運動場館用地與原有都市計畫相互牴觸以及對於交通環境負荷等考量因素，使得大都市運動場館普遍不足的問題一直無法解決，政府每年雖編列預算興建運動場地，但仍無法切合滿足民眾運動需求，主要原因有：(1)運動競賽場地缺乏整體規劃；(2)各縣市體育運動設施仍普遍不足，尤以都市地區更為明顯，且各體育館場缺乏維護管理，經營管理人才；(3)年度經費預算短缺嚴重；(4)公立體育場營收經費依法均需繳庫，管理人員對開展業務、辦理活動等常持消極態度，造成運動場地使用率不高及投資浪費等。

　　根據體育署《體育運動政策白皮書》認為，目前國內運動場館與

設施之問題尚有五大問題，包括：「競技運動賽會場地設施建構仍待
加強」、「全民休閒運動環境仍待賡續開發」、「運動場館與設施興
（整）建與營運管理作業參考規範待加強」、「運動場館管理人力培育
機制未臻健全」及「全國運動場館資料庫有待建置」等五大項，簡要敘
述如下（教育部，2017）：

1. 競技運動賽會場地設施建構仍待加強：分析現有全國競技運動賽
   會場館面臨之課題，未來努力的目標必須建構北中南國際綜合運
   動賽會設施、整合各級學校運動場館資源、完善菁英選手所需之
   國家運動訓練中心之設施。

2. 全民休閒運動環境仍待賡續開發：針對全民運動環境的改善，未
   來努力的目標為無障礙空間與運動設施的完善、加強國民運動中
   心輔導考核機制、提升自行車道之安全友善性、改善水域運動發
   展環境以及健身中心與游泳池等相關規範之研修與查核。

3. 運動場館與設施興（整）建與營運管理作業參考規範待加強：目
   前運動場館與設施興（整）建工程待努力的目標為充實完備運動
   設施分級分類、讓運動場館與設施標準化接軌國際規則、確實考
   評各級運動場館與設施興（整）建品質以及健全各類運動場館與
   設施營運維護管理機制。

4. 運動場館管理人力培育機制未臻健全：為穩定運動場館服務品
   質與產業發展，同時讓運動場館的經營管理組織與員工能不斷成
   長，因此未來待努力的目標應該建立有效的人力資源媒合與訓練
   機制。

5. 全國運動場館資料庫有待建置：未來應建構中央與各地方政府或
   民間之運動場館資訊網絡，包括基本資料、設計施工、工程經費
   執行與營運維護等履歷資料，以便評估補助之執行效益與後續政
   策參考。

展望未來，興建和營運大型運動場館應該考量採用BOT（興建、營

運、轉移）、公辦民營和注入外資的營運方式,以減少經營與管理的成本與支出,甚至收取企業的贊助,以減少政府預算的負擔,都將是一個比較可行的發展方向。

研習資訊——
109年度運動場館業研習會　　打造運動場館軟實力,提升產業競爭力

　　近年來國人運動風氣提升,因此健身中心、游泳池及各類球場等運動場館經營管理人才需求大增,因此為了提升運動場館經營管理的專業與服務品質,體育署在近幾年來皆舉辦運動場館業研習會,邀請參加研習的對象包括各縣市政府運動場館相關業務承辦主管及人員,以及各縣市運動場館業者,含國民運動中心委外營運、健身中心、游泳池等從事競技及休閒體育運動場館業者。希望藉此打造運動場館軟實力,提升運動產業競爭力。

　　在運動場館經營的研習主題內容規劃部分,107年度與108年度安排的主題較偏重消費者保護相關議題,因此107年度辦理4堂消費者保護相關議題講座,108年度同樣辦理運動場館業消費者保護研習會,規劃的課程則較多元,包含「健身產業之輔導與法規說明」、「消費者個人資料保護宣導」、「服務,從新／心開始——認識健康體適能」及「商品(服務)禮券定型化契約應記載及不得記載事項」,109年度為協助運動場館業者追求更優質之顧客管理關係,提升國民運動品質,健全運動場館業消費保護環境,規劃課程包含「游泳池營運風險管理」、「運動場館業性別平等專題」、「運動場館未來進行式」及「消費者保護爭議案件分析」,課程內容除涵蓋消費者保護外,同時也串連運動場館業與各運動產業鏈,打造創新及創意的運動產業交流平台,因此若你有興趣成為運動場館經營管理的專業人才,一定要留意報名每年辦理的運動場館業研習會,才能學習更多的專業職能,並打造運動場館之軟實力,進而提升自身與運動場館的競爭力,朝向更優質、友善場館設施與服務邁進。

資料來源:教育部全球資訊網,https://www.sa.gov.tw/News/NewsDetail?Type=
　　　　　3&id=2888&n=92

二、運動場館規劃未來的方向

近年來無論全民運動或競技運動都有明顯大幅度的發展,因此也奠定了運動產業發展的基礎,然而展望未來,運動場館設施的規劃與建設仍是運動產業發展的關鍵要素之一,因此仍要有完善的政策規劃,根據資料顯示,體育署在運動設施政策上仍以「建置國際賽會場館」、「建構優質運動訓練環境」、「均衡推展城鄉全民運動設施體系」等三項規劃未來運動場館設施藍圖(官文炎、薛銘卿、張智涵,2019),說明如下:

1. 建置國際賽會場館:過去我國有成功辦理2017年台北世界大學運動會、2009年高雄世界運動會及2009年台北聽障奧運會之經驗,因此未來場館建設的目標將是持續完善現有競賽場館以符合國際標準,從積極爭辦國際單項錦標賽一級賽事到申辦高層級之綜合運動會,以點到面場館建設的目標。
2. 建構優質運動訓練環境:為提升我國競技運動水平,因此規劃「國家運動園區整體興設與人才培育計畫」,採分期分區、延續式開發興設整建,同時發展各類運動訓練基地。
3. 均衡推展城鄉全民運動設施體系:持續輔導各縣市政府落實運動設施維護管理及營運工作,針對運動設施老舊損壞、使用不便、有使用安全之虞,持續協助各縣市改善,此外也針對運動場館設施不足地區,依據當地民眾運動需求,建置簡易型戶外運動場地、風雨球場、運動公園。

以目前國內運動場地數量來看,遠較日本、德國、瑞士、芬蘭等已開發國家為低,為顯現我國為現代化經濟發展國家,政府應加強體育設施之硬軟體規劃與建設,以滿足國民從事休閒運動之需求。因此展望未來,政府應建立定期辦理運動場館普查之機制,更新資料庫內容,以瞭解、探討

國內場館發展之趨勢，方能作為政府體育政策釐定之參考依據。

綠色環保的倫敦奧運場館

　　倫敦是奧運史上第一個三度主辦奧運的城市，本次倫敦奧運主軸定調為綠色奧運會，因此「環保訴求」與「綠能建設」就成為倫敦奧運場館的最大特色。在環保部分，將主場館區的東倫敦，原為充滿廢棄工廠與垃圾場的有毒空地，重整為綠地，在場館建築部分則是採用再生材質以永續使用的思維，目的是為了達到碳排放最小、垃圾產量最低以及健康的生活方式。而倫敦奧運的主場館倫敦碗，秉持著「減少」、「重複利用」和「回收」的概念打造，號稱是史上用鋼量最少，並使用工業廢棄物做成的低碳混凝土等環保材質，採行可拆卸的半臨時結構設計，分上下兩層。上層在奧運比賽結束後將全數拆除，只保留可容納東倫敦居民人口的下層25,000人座位。因此場館可以拆卸組裝、拆除的建材有98%可再回收利用等節能減碳的做法，成功落實了「永續發展」的理念。

　　除此之外，倫敦奧運第三大的籃球場館，就是標榜可「回收」重複使用，可作為活動結束後拆掉移做國內或下個主辦國的臨時場館。館內總共設有12,000個座位，必要時可以擴充到最大的16,500席。館內設施從拆卸到安裝約需二十二個小時，奧運比賽結束後，整個球場將全部拆除，部分建築將會移至他處使用，臨時性場館的出現，改變過去主辦奧運城市必須花大錢大興土木蓋場館，但比賽後卻營運或使用率低的浪費現象。

　　在場館建築上除了運用可拆卸再利用的概念外，許多場館在設計上還有必須考慮到一館多用，例如：籃球館與手球館就是一館兩用，白金漢宮旁的皇家騎兵場，在奧運期間成為沙灘排球場地，白金漢宮前的車道，成為公路自行車和馬拉松比賽的跑道；泰晤士河南岸的格林威治公園，則是成為馬術競技場。

　　而在賽後運動場館的營運計畫部分，倫敦奧運留下的硬體建設不多，整個東倫敦的奧運公園只留下8個永久性建築，在實務上，舉辦世界

性的大型運動賽會，必要性的運動場館設施興建是無法避免，但在規劃
之初，若能考量到永續性的使用，不讓巨大建築形成比賽過後主辦國家
的沉重壓力，倫敦奧運場館建築的規劃，可以作為未來其他國家或城市
重要的參考。

資料來源：作者整理。

結　語

　　運動場館規劃與設計，涉及社會、政治、法令政策、都市設計與
規劃、工程設計與施工、營運管理等相關部門，影響層面相當廣泛且深
遠（鄭良一，2002）。另一方面運動場館的普遍興建，更可帶動民眾參
與運動和舉辦各項運動賽會，刺激運動產業的需求與成長。近年來由於
運動賽會的規模日益龐大，參賽的選手與觀眾的人數也大幅增加，運動
場館興建的規模也必須隨之增加，因此若無國家經濟的問題，運動場館
興建的趨勢必然逐漸朝向大型場館發展，然而運動場館之所以是運動產
業發展的火車頭，最重要的原因是為配合大型運動賽會的舉辦，周邊的
配套措施也必須配合，包括住宿、交通、資訊、旅遊的相關措施，因此
在硬體建設所投資規劃的資金是相當龐大的，例如：日本在1964年東京
奧運會場的建設，不僅包括了比賽場地、交通運輸設施、住宿設施，還
包括了新幹線鐵路、首都高速汽車公路網、地下鐵、高級飯店等（蔡厚
男，2004）。由於大型運動場館可以產生的效益是相當龐大的，因此大
型運動場館和運動設施的興建便成為政府重要的公共投資與建設項目之
一，另一方面也是因為大型運動場館的興建需要都市計畫評估以及周邊
大眾運輸建設的配合，因此也必須配合國家重大經建計畫、都市發展或
區域均衡策略來選擇合適的地點，因此通常規模較大的運動場地設施會

以運動園區的樣貌呈現。

　　展望未來，國內急需規劃合適的運動園區，而所謂運動園區（sport venues）係以集中各類型運動競技設施、設備、場地為主軸，並結合休閒育樂、藝文展演、社區開發、城市行銷、資源保育等多功能的園區。綜上所述，對於未來運動場館的興建與營運，受到國內職業運動的發展和爭取大型國際運動賽會主辦權的趨勢所影響，體委會必須審慎評估目前的現況與國際發展的趨勢，在興設場館區位、分布的政策擬定上，如何得到最大的效益；此外，對於大型運動賽會舉辦所需的運動場館設施，更是體委會對於運動設施規劃發展必須考量的重要議題。

問題與討論

一、請說明運動場館的定義為何？運動場館的類別相當多，請你依據不同的需求來做適當的分類。

二、大型運動場館興建最主要的問題是完工後的營運，你認為如何克服這個難題。

三、相較於許多先進國家，台灣的基礎運動設施與大型運動場館都顯得不足，你認為運動場館興建未來的重點與方向為何？

參 考 文 獻

王慶堂（2002）。〈台灣地區公共體育場之沿革與發展〉。

官文炎、薛銘卿、張智涵（2019）。〈運動設施——優質設施、友善環境〉。《國民體育專刊》，142-165。

高俊雄（2019）。〈台灣體育運動政策發展之回顧與前瞻〉。《國民體育專刊》，2-13。

教育部（2017）。《體育運動政策白皮書》（2017修訂版）。台北：教育部。

連文榮（2020）。《推估試算我國106及107年度運動產業產值及就業人數等研究案》。台北：教育部。

運動狂的隨手筆記，http://www.sportsnt.com.tw/。

蔡長啓（1991）。〈體育場地設備之回顧與展望〉。《國民體育季刊》，20（3），74-85。

蔡長啓（1993）。《體育建築設備》。台北：體育出版社。

蔡厚男（2001）。〈運動設施與城鄉風貌再造〉。《體育與台灣經濟發展研討會論文集》。行政院體育委員會。

蔡厚男（2004）。〈運動設施與城鄉風貌再造〉。收於李誠主編（2004）。《興體育、拚經濟——體育與台灣的經濟發展》。台北：天下文化。

鄭良一（2002）。《全球運動場館建築》。台北：加斌。

體育署（2017）。《我國舉辦國際賽事及職業棒球潛力場地調查研究期末報告》。台北：教育部體育署。

體育署（2020）。《體育統計》。台北：教育部體育署。

Chapter 6

運動贊助與運動產業

閱讀完本章，你應該能：

· 瞭解運動贊助的定義與內涵
· 瞭解企業贊助運動的目的與效益
· 知道國內運動贊助發展的現況

運動產業概論

前　言

　　「運動贊助」始於19世紀，首件現代商業贊助運動的實例起於1861年，兩位澳洲商人贊助英國板球隊到澳洲比賽，並藉由這項比賽來擴大公司的宣傳，同時獲得11,000英鎊的盈利（Wilson, 1988）。到了1980年代企業贊助運動的風氣如雨後春筍般活絡起來，主要是受了1984年洛杉磯（Los Angeles）奧運會的影響，透過企業界的贊助，主辦國破天荒由1980年蘇聯莫斯科（Moscow）奧運的虧損90億美元，轉而有2億5,000萬美元的盈餘（程紹同，1998）。因為洛杉磯奧運成功的典範，因此企業投入運動贊助之金額有如戲劇般快速成長。有鑑於此，近年來國內企業贊助各大小運動賽會的例子有逐漸增多的趨勢，例如在台灣舉辦多年的路跑、各項球類的比賽，都有企業掛名贊助，也得到民眾的肯定與支持。而企業之所以贊助運動的原因，除了因為運動組織面臨資源短缺的需求而需要另謀出路之外，也因為企業發現面對資訊氾濫的環境，不得不另闢新的行銷途徑——而這兩者造就了今日運動贊助盛行的局面。因此本章將討論運動贊助的定義與內涵、運動贊助的效益和目的，以及國內目前運動贊助的現況，來瞭解運動贊助與運動產業發展的關係。

 第一節　運動贊助的定義與內涵

　　21世紀開始運動產業迅速擴展，為全球各大企業與非營利性（non-profit）組織創造無限商機。然而運動產業的發展是需要許多面向的助力，其中透過運動贊助來推展運動或競賽是一個重要的管道，因此運動休閒科系的每一個學生都必須認識運動贊助，以下針對運動贊助的定義與運動贊助的內涵做說明。

一、運動贊助的定義

　　贊助在早期被認爲是一種乞求的行爲，通常是企業在行有餘力之下，大發慈悲與愛心，給予向其請求金錢或物質上協助的團體一筆金錢或財物的協助，使得贊助長久以來被社會大衆所誤解，直至近年來，贊助才跳脫被施捨或捐助的觀念，成爲一種互惠的關係組合。事實上，運動贊助意指一種生意（business）關係，存在於資源供應者與運動競賽與活動或組織之間；資源供應者供以資金、人員、器材、設備或服務，運動競賽與活動或組織則授以一些權利（rights）以達成資源供應者之企業、行銷或媒體目標，以及一些可作爲商業效益之相關利益當作回饋。程紹同等（2002）則將運動贊助定義爲：「是一種透過利益交換過程（exchanging process），以維持體育運動組織與資源供應者之間的商業夥伴關係（partnership），並藉此達成彼此既定之組織目標。利益交換的方式，常以體育運動組織授予資源供應者一些權利，使其行銷活動可與該組織或活動結合並發揮效能；而資源供應者則以資金、產品或物資、服務技術或人力等資源，協助該組織或活動目標的實現，所以運動贊助與行銷的本質相似，均爲一種互動的交換過程。」因此可以瞭解運動贊助是企業與運動組織維持商業夥伴關係的一種利益交換過程，在此過程中，企業提供運動組織或運動活動各種資源，包含金錢、人員、設備、服務、產品或技術等使運動活動更能順利運作，進一步也使企業達成其行銷目標。

　　透過上述的說明，茲將運動贊助定義爲：「運動贊助是運動組織、企業組織及其他中介組織以『最少風險，最大獲益』爲前提的互惠關係組合。是企業透過資源投資於運動競賽與活動，使企業之品牌或產品與運動做一直接或間接的連結，以達到企業目標（corporate objectives）或行銷目標（marketing objectives）的工具」。

二、運動贊助的內涵

運動贊助的內涵相當的廣泛，如果依照贊助的對象來分類，可以分為組織團體（sports group & team）、運動賽會（sports event）及個人（individual）贊助（程紹同，1998）。以下簡要加以說明：

(一)組織團體贊助

組織團體贊助是指企業長期給予運動組織或團體不同形態的各類支援，包括現金、物資、設備、技術與服務等，國內許多單項運動協會也都與相關運動企業有長期合作贊助關係。

(二)運動賽會贊助

是指企業針對某一特殊的競賽、錦標賽、友誼賽等活動，給予實質上的支援，是屬於一次贊助的類型。奧運中主辦國所尋求的當地贊助廠商，也是一種典型運動競賽的贊助。在奧運舉辦期間負責給予各種技術、財物及服務上的協助，奧運結束後，贊助關係亦隨之終止。這種贊助模式可能是一次性的，也可能每年都贊助相同類型的賽事。

(三)個人贊助

是指企業對某優秀運動員，給予服裝、器材、薪資或獎金等支援。許多優秀高知名度的職業選手都有企業提供贊助。簽約後的運動員必須使用贊助商的產品、遵守契約上的約定並維持成績表現，一旦成績大不如前，則在約滿後很可能就終止彼此間贊助的關係，而不再給予任何協助。

在上述運動贊助的類型中，組織團體及運動賽會贊助是比較流行且較受企業廣泛使用的方式。它不會因為某一明星球員無法下場或受傷而

影響全局。因此，組織團體及運動賽會的贊助，要比個人贊助擁有較長遠的合作關係（Stotlar, 1993）。儘管如此，在運動組織團體、運動賽會或是在個人上，運動贊助都已是全球的趨勢，未來更將成為體育運動事業經營的主流。

三、運動贊助的類型

(一)贊助組合的類型

隨著運動贊助活動的發展，贊助組合可分為以下四個類型（程紹同，2001）：

◆掛名贊助商（title sponsor）

企業名稱可以直接冠於活動、比賽或球隊名稱之上，而享受最高等級的贊助權利。贊助廠商可以獨家將運動活動之形象移轉到產品的形象之上，更可以完全阻絕競爭對手參與該項活動。不過，贊助權利金和促銷經費也相對地提高。例如舒跑盃路跑賽、統一盃鐵人三項國際邀請賽、宏碁中華民國高爾夫公開賽等，均可歸屬為本類型的贊助方式。

◆指定贊助商（presenting sponsor）

此類贊助商通常僅需支付「掛名贊助商」權利金四分之一價格，即可取得此一類別的贊助資格。這類贊助商可在同類產品中，取得與活動相結合的特權，故有助於產品定位，並能發揮產品差異化的功效。例如愛迪達（adidas）為1998年與2002年世界盃足球賽運動用品類的指定贊助商，該企業之足球產品也成為兩屆世界盃足球賽指定用球。

◆官方贊助商（official sponsor）

此種贊助方式僅需付出「掛名贊助商」權利金十分之一的費用，便

擁有合法的贊助資格，這種贊助方式的權限，自然少於指定贊助商。同時，若官方贊助商與指定贊助商的產品性質相近，在該項活動當中，官方贊助商便無法容許與指定贊助商同時存在了。由於此種贊助資格支付的權利金低，享受的權限也不多，故在這種類別的贊助中，若欲達到廠商期望的贊助效果，廠商本身必須在促銷策略上多加把勁。以一級方程式法拉利車隊為例，宏碁是32家贊助廠商之一，雖然贊助金額排名第九名，卻也只能分到賽車車身上小小一塊廣告位置而已。

◆官方供應商（official supplier）

此類贊助並非直接與贊助的活動相結合，而是藉由贊助者提供產品或服務來協辦活動，所以官方供應商以地方性食品、飲料、器材等公司為主。例如國內許多運動飲料廠商會提供馬拉松賽比賽用礦泉水與運動飲料。

(二)贊助的形式

而在運動贊助的形式上，企業贊助運動常見的形式主要有下列幾種類型：

◆產品或服務的支援

這類的贊助商大部分來自運動產品廠商，例如：耐吉（NIKE）、愛迪達（adidas）、亞瑟士（ASICS）等公司，經常以提供產品或設備的方式贊助運動比賽，此外，非產品廠商亦可提供相關服務的方式來贊助比賽。

◆金錢的贊助

當企業的產品無法直接提供作為贊助之用，部分的企業就會以現金的方式進行贊助體育活動。

◆提供人力資源

部分的企業贊助形式是採用人力資源方式，例如：利用員工進行比賽會場布置、交通指揮、環保義工及相關活動的策劃等，可以促進員工間的交流，並建立企業商譽與顧客間良好的互動關係。

◆舉辦體育活動

許多大型的企業本身擁有良好的財力與資源，自行舉辦運動賽會，都是具體贊助運動的方式，例如：台電、台積電等公司。

◆企業認養運動代表隊或運動員

企業長期認養運動代表隊或優秀之運動選手，提供訓練或比賽期間的協助，例如：富邦金控、宏碁、美商、台電、合作金庫等都有贊助不同運動項目的運動員。

 第二節　運動贊助的效益

Milne和McDonald（1999）提到，運動贊助已成企業廣泛使用且成效卓越的行銷溝通工具。企業以運動贊助行動來與運動進行連結，透過運動無國界的特性及大眾傳播媒體的推波助瀾之下，企業的品牌或產品逐漸滲入消費者之意識中，其行銷效果之強大實難以準確加以估計。而運動賽會及體育運動之相關活動，在與企業贊助的合作下，也可以減少了經費短缺的困窘，使得運動組織有較充裕的資源來維持組織的正常運作、推展組織的相關活動，更締造了許多成功的運動賽會。因此，企業與運動組織的贊助連結可說是建立在互惠共享的雙贏合作模式下。對企業本身而言，形象的結合應是當初最初的動機，藉由活動的贊助來建立企業本身形象的地位，對所屬員工與股東亦可加強其榮譽感與團隊意識。Stotlar（1993）指出，運動吸引企業贊助的因素包括：(1)運動吸引

大眾的興趣；(2)運動可以成功轉移商品形象；(3)運動可提供雙重報導（即企業曝光率）。而以相同經費來說，透過運動贊助的模式，不但可達到行銷之實，更較傳統行銷方式有效，因此有學者提出「運動贊助已成為企業促銷四大管道之外的第五項元素」（程紹同，2001）。因此以下就分別從企業贊助運動的贊助效益以及贊助目的作探討：

一、企業的贊助效益

從企業贊助運動的效益來看，程紹同（1998）認為，形象的結合應是企業贊助的最初動機，藉由活動的贊助來建立本身企業形象的地位，對於所屬員工與股東亦可創造他們的榮譽感以及團隊意識。而根據 Howard 和 Crompton（1995）提出了四類贊助效益，分別是：

(一)產品認識的增加（increased awareness）

1.可藉此介紹新產品。
2.在新的目標市場中引介既有產品。
3.迴避電視禁播菸酒產品廣告的禁令。

(二)企業形象的強化（image enhancement）

1.樹立新產品形象。
2.強化現有產品形象。
3.改變消費者現有的認知。
4.中和負面訊息。
5.建立員工與經銷商的榮譽感。
6.協助招募員工。

(三)產品試用或銷售機會的把握（product trial or sales opportunities）

1.提供試用品給潛在顧客。

2.透過各種銷售方式激發產品銷售量的提升。

3.創造現場銷售機會。

4.促進現有產品的銷售方式。

5.強化現有產品形象。

(四)禮遇機會的獲取（hospitality）

藉此發展與主要顧客、經銷商與員工的良好關係，同時也可藉此刺激企業內部的士氣。

歸納上述企業贊助運動效益，企業贊助運動活動，主要以提升企業形象、獲得媒體曝光率及增加企業（產品）知名度為主。然而隨著運動贊助的多元發展，除了上述效益，禮遇招待的獲得、商標和名稱權利的使用、商品的促銷行動、產品的獨家性、民眾好感度的提升等也是效益之一。

當然運動贊助的效益並非完全是正面的，有時候贊助項目也會出現負面影響。例如：贊助的比賽缺乏頂級選手，常常浪費了大量資源，而沒有達到預期的效益；贊助的賽車出現意外事故、贊助的明星道德敗壞等也都會給贊助廠商帶來負面影響。此外，如果競爭對手的出現導致目標受眾認知上的混淆，影響大眾對品牌的接納，這些也都是運動贊助時要仔細評估的因素。以贊助F1賽車為例，若贊助的選手不是頂尖的選手，贊助的賽車出現意外事故，就有可能對贊助活動產生負面的效應，此外，贊助的選手若有偏差行為也會給贊助方帶來負面的影響。另一方面，贊助計畫若不夠周密，對廣告宣傳、投入、產出、贊助策略分析不清楚，將導致投入大量的贊助資源卻無法達到預期的贊助效果。

二、企業的贊助目的

　　根據上述文獻資料顯示，我們可以把企業贊助運動組織或運動員的目的歸納整理如下：

(一)提升企業知名度與形象

　　企業透過運動贊助最直接的利益便是曝光率增加、知名度的提升，以及形象的建立。廣告是市場的原動力，因此企業無不花費大量的經費製作廣告，以提升企業及產品的知名度。除此之外，若企業透過運動贊助取得場館命名權也可建立與強化品牌形象及創造獨占銷售機會，可見運動贊助對企業的知名度與形象的提升，具有極大的廣告效益。

(二)善盡社會責任

　　國內知名廠商──宏碁，多年來贊助國內外運動賽事，所秉持的精神便是善盡社會責任，因此1998年的曼谷亞運，首創台灣資訊業者提供國際運動賽會資訊系統、設備與服務。許多企業贊助或主辦運動賽會，也都被視為是回饋社會的一種方式，而透過贊助，將留給消費者良好的形象，對企業發展有正面的助益。

(三)增加產品銷售量

　　企業常透過運動贊助，除了可提升產品知名度外，促銷公司相關的產品亦是其動機之一。曼谷亞運期間，韓國三星公司推出免費贈送彩色電視機促銷活動；日本美津濃企業贊助1998長野冬季奧運會，比賽期間紀念夾克銷售創下24億日元的佳績，因此增加產品銷售量也是企業贊助的動機之一。

運動贊助與企業的社會責任

　　過去對於運動選手的培育大多必須依賴政府或選手個人，然而政府與個人的力量有限，因此就思考到企業的運動贊助與社會責任可以創造更大的力量，尤其近年來國內體育選手在國際賽事中屢創佳績，對於企業而言，贊助運動選手，不僅可以達到企業行銷的目的，更重要的是可以善盡社會責任並建立企業正面的形象，因此體育署在民國103年便研擬「推動企業贊助體育運動」方案，製作《推動企業贊助體育運動專冊》，期盼績優的運動選手在企業贊助之下，可以無後顧之憂大展身手突破自我極限，在國際舞台上展現出更亮眼的成績。

　　根據體育署的規劃，目前已製成《推動企業贊助體育運動專冊》，內容考量以身障選手、偏鄉弱勢學校球隊為優先，並酌以國際競賽奪牌成績的發展性為考量，名列出需要贊助的運動員、運動團隊、運動賽事以及運動場館設施，提供國內各企業挑選，一共遴選出包括32位運動員、15個運動團隊、17項運動賽事、10種運動設施，讓企業可藉由此專冊瞭解須贊助的選手等詳細資料。

　　除此之外，體育署也訂出每年成功爭取100家以上企業參與贊助、50個運動團隊或選手獲得企業認養、10項以上運動賽事接受企業贊助，贊助金額達新台幣1億元以上目標。希望透過提供贊助企業租稅優惠、建構運動贊助媒合平台、研訂誘因說帖、公開表揚及獎勵、增加社會與媒體關注度等作為實施策略，來達到政策推動的目標。

　　而這項政策開始推動後，也獲得許多企業的呼應與允諾贊助，例如：鴻海集團就宣布以6,000萬、每年600萬元方式贊助桌球好手莊智淵；而富邦金控也贊助新台幣300萬元，支持台北市基層棒球運動，作為添購訓練及器材設備等需求。因此這個方案的推動已經開始得到許多效益產生，尤其能讓政府、運動、企業結合達到三贏的效應，讓台灣的運動能獲得更好的發展。

資料來源：作者整理。

第三節　運動贊助發展概況

　　有關贊助的發展隨著時代的演進，以及商業意識的抬頭，從慈善資助（捐贈）到準商業行為，再到有組織的商業活動，也歷經許多不同的階段，根據文獻資料有關運動贊助事件的記載可以追溯至古羅馬時期，當時的貴族及皇帝即有以贊助之名，來誘使中介商在古羅馬競技場上提供更能刺激群眾情緒的搏命演出，而這些行為與今日商業贊助活動的性質並無太大不同（蕭嘉惠，2001）。以運動贊助發展的歷史來看，現代商業贊助實例始於1861年，在澳洲作生意的英國商人史卑爾斯（Spiers）和邦德（Pond）贊助了當時的英國板球（cricket）球隊，並同時為該公司進行宣傳一事所開始發展的。1949年則出現第一宗企業贊助女性運動員的例子，當時的威爾森運動用品公司以10萬元的代價贊助一位高球選手（彭小惠等，2003）。

　　1984年洛杉磯奧運，是歷史上第一個靠私人力量運作的奧運，而且是開拓企業贊助以及透過運動的授權式促銷的里程碑。洛杉磯奧運籌備委員會總裁彼得‧尤伯羅斯（Peter Ueberroth）成功地運用企業贊助的資金來統籌奧運的運作，創造出2億2,500萬美金的傲人營收，自此之後，也建立了近代奧運的經營模式。

　　在過去的十年中，企業投入運動贊助之金額蓬勃發展，受歡迎的運動項目與運動員提升企業贊助運動的意願及刺激授權商品與運動書籍之銷售，企業贊助的金額不斷的成長，運動贊助已在全球各地蔚為一股風潮，全球企業於贊助運動的案例上，總成長幅度表現更是令人激賞。2020年東京奧運順利邀請贊助商，原本奧運組織委員會將目標贊助額設定為1,500億日圓，而實際贊助額則超過目標額，達到1,800億日圓，由此可見企業對於運動贊助的熱衷程度。

　　在國內，自民國75年起，運動贊助逐漸受到企業的重視。在過去的

發展歷史上，分別也有統一、兄弟等贊助棒球發展；中華汽車贊助體操
協會，並定期舉辦中華汽車盃國際體操邀請賽；三陽工業及南陽實業贊
助台北國際馬拉松賽；宏碁電腦贊助桌球運動；安麗公司與緯來體育台
的贊助，舉辦了國際女子撞球邀請賽等等，國內企業贊助國際賽事則有
明基電通公司（BenQ）積極透過運動贊助的方式來拓展國際市場，包
括贊助2004年歐洲盃足球賽，2006年西班牙職業足球隊——皇家馬德里
（Real Madrid），希望藉由大型、高知名度、運動人口與球迷最多的足
球運動賽事，使BenQ的品牌知名度在全球扎根，也因此使得明基電通在
歐洲當地品牌知名度提高2倍之多，創造營收的大幅成長，由此可以看
出運動贊助的效益。統一企業也在2003年以175萬美元贊助亞洲盃足球
賽，而許多國內高科技公司如宏碁、明基、華碩等到中國打開品牌知名
度最常用的行銷手法也是運動贊助，由此可見運動贊助在國內也有一定
的發展歷史。

　　以下則分別以體育署運動贊助的政策和企業贊助運動來說明國內運
動贊助的概況。

一、體育署建構「企業贊助運動平台」

　　教育部體育署建構「企業贊助運動平台」，積極媒合企業贊助運
動團隊及個人，未來如何有效利用該平台之運作機制及媒合成效，有效
引進企業資源投入未來培育運動專業人才，將是運動產業發展的重要基
礎。因為體育運動與運動產業的發展，除了需要政府政策與資源的推動
外，同時也需要民間企業團體投入金錢或時間，才能達到更大的效益與
動力。在2013年公布的《體育運動政策白皮書》中，便提出「增加投入
運動產業的資源」為發展策略，因此自2013～2016年為擴增企業投入體
育運動資源，便建構體育運動贊助資料庫媒合平台，平台設置目的是對
有需求之運動對象（如運動代表隊及運動員）尋求民間企業贊助，期望
藉由媒合平台的建立，爭取更多企業投注資源在我國的體育運動。

為提升企業參與運動贊助意願，體育署一方面提供行政機制的協助，包括：(1)依照「運動產業發展條例」第26條獲得此租稅優惠，贊助費用可以全額列為企業支出以減免營所稅；(2)贊助金額達500萬台幣就可獲得教育部體育署頒贈體育推手獎；(3)提升企業與社會對於運動的關注度及擴大專案宣導能量。另一方面擴大贊助企業的權益與贊助效益，包括：(1)提供肖像權及代言機會；(2)協助受贈單位配合出席贊助單位參與之公益活動；(3)獲得教育部授權製作之感謝狀；(4)贊助金額超過一百萬元者進行專題報導；(5)協助贊助單位品牌曝光（陳美燕、黃煜、吳國譽，2019）。

因此其主要的政策做法是依據「運動產業發展條例」第26條營利事業捐贈之規定，於2014年建置企業贊助平台，提供運動員與運動團隊贊助資源，尤其在2017年世大運，成功媒合之金額達到3,163萬，此外，根據2017年11月29日修正公布的「運動產業發展條例」，增訂第26條之1規範個人可透過政府專戶捐贈運動員，同時配合本條例增訂「個人捐贈運動員專戶與所得稅列舉扣除實施辦法」，未來個人透過專戶捐贈運動員將可在申報綜所稅時，列入列舉扣除額而享有減稅優惠，有效的讓運動選手與組織能有更多資源挹注。

此外，體育署為向長期無私奉獻及熱心推展體育發展的企業、團體及個人表達敬佩與感謝之意，並鼓勵更多人投入體育活動的推展工作，因此政府特別訂定了教育部體育署辦理體育推手獎實施要點，自2009年起每年舉辦體育推手獎表揚活動，獎項分為「贊助類」、「推展類」及「特別類」等三大類。以贊助類之受理狀況分析，2018年為44家，金額為33億5,600餘萬，2019年為46家，金額為39億2,200餘萬，成長約為5億6,600餘萬，顯見企業越來越重視體育活動之贊助，也可以善盡企業社會責任，透過政策引導民間企業、團體及社會各界的力量及資源，將能更有效的帶動整體體育運動風氣與運動產業發展（葉公鼎、蕭嘉惠、王凱立，2019）。

二、國內企業贊助運動實例

　　國內贊助風氣雖不及國外普及，但近年來企業贊助運動已經逐漸形成一股風潮，贊助的對象也不斷的擴大面向，包括職業運動聯盟、運動球隊、運動賽會，甚至個人運動員。此外，國內有相當多企業為善盡社會責任、回饋社會，因此長期支持贊助運動賽事與運動選手的訓練資源，以下以獲教育部體育署109年度「體育推手獎」的肯定，獲頒「贊助類金質獎」（一年贊助金額達1,500萬元以上）以及「長期贊助獎」（單一運動選手平均每年贊助50萬元以上超過五年）的台灣大哥大為例，來做說明，就能理解我國企業贊助運動的樣貌與型態（葉佳慧，2020）：

　　台灣大哥大對於運動賽事的支持與贊助橫跨網球、高爾夫球、棒球、籃球和馬拉松等項目，包括：和TLPGA（社團法人台灣女子職業高爾夫協會）共同主辦「台灣大哥大女子公開賽」、贊助「台北馬拉松」以及是「富邦悍將棒球隊」及「富邦勇士籃球隊」的主要贊助商之一。除此之外，更持續贊助、扶植台灣優秀體育選手，前進世界體壇，長期投入台灣體育活動與選手贊助經費，不但屢創耀眼成績，也為台灣栽培出世界級的體育選手，而在贊助運動選手的項目與內容如**表6-1**。

表6-1　台灣大哥大贊助運動選手的內容

贊助項目	贊助內容
網球	長期贊助台灣女子網球好手詹詠然、詹皓晴，2014年開始贊助的網球女將詹詠然，在網壇女子雙打的世界排名一路攀升，站上世界女雙球后的最高榮耀，並勇奪2017年美國網球女子公開賽女子雙打、2018年法國網球公開賽混雙等大滿貫冠軍。
網球	贊助網球選手莊吉生，加入台灣大哥大團隊後，在南韓光州挑戰賽，奪下2019年首座男單冠軍，名次也大幅躍進成為台灣第一。
高爾夫	贊助旅美雙妹徐薇凌、李旻，徐薇凌在加入台灣大哥大贊助選手列之後，世界排名也由第142名跳升到第62名，在台灣女子選手排行榜中居第2名，李旻則是在2018年台女巡（台哥大女子公開賽）和陸女巡（中國女子公開賽）均勇奪后冠。

（續）表6-1　台灣大哥大贊助運動選手的內容

贊助項目	贊助內容
高爾夫	2017年台灣大哥大首次主辦TLPGA台灣大哥大女子高爾夫球賽公開賽，在第2屆的賽事，創下有史以來最多「一桿進洞」數目的世界紀錄，登上金氏世界紀錄，是台灣舉辦的公開賽首次拿到這項國際殊榮。
空手道	109年贊助台灣原住民空手道青年選手胡鑫與辜雪芮，兩位雙雙在「全國中等學校運動會」上獲得佳績；胡鑫拿下國女組空手道對打第一量級金牌，辜雪芮則奪得高女組空手道對打第一量級銀牌。

奧林匹克全球贊助計畫簡介

　　受到1984年洛杉磯奧運會經營成功的鼓舞，國際奧委會（I.O.C）於是在1985年正式委託「國際運動文化與休閒行銷公司」（International Sports Culture and Leisure Marketing，簡稱ISL）來精心規劃奧運會的企業贊助事宜，此即所謂的「奧林匹克贊助計畫」（The Olympic Partners，簡稱TOP）。從1985年開始以來，目前已進入第六代夥伴計畫（2005-2008），目前已成為各界奧運會除了電視轉播權利金之外的第二大主要收入來源，誠如國際奧會的行銷執行長Rayne所說：「以今日奧運的規模及複雜情況來看，已經到了沒有企業贊助就辦不成比賽的程度。」（陳善能，2001），可見運動賽會的舉辦和運動贊助已密不可分。奧林匹克贊助商計畫分成全球贊助商、奧運會籌備會贊助商，以及各國家奧會贊助商三層級，其中奧林匹克全球贊助計畫，簡稱「TOP計畫」（The Olympic Partners），係由國際奧委會（IOC）於1985年首次提出，以每四年為一個週期，在全球選擇知名的大企業作為贊助商。TOP計畫是指將全球的企業按照不同的行業區隔，並從各行業中選擇願意在技術、資金方面支持奧林匹克運動會並提供協助的廠商。當然，取得TOP贊助商資格的企業，可以在全球獲得使用與奧林匹克相關的各種標誌的權利。此外，國際奧會的TOP計畫對各國、各地區的奧林匹克委員會和選手以及參加隊伍等的奧林匹克活動也提供支持。

　　根據國際奧委會規定，在同一行業只能選一家企業作為TOP贊助商。

同時贊助企業必須符合三項條件，首先是企業及其產品要具有高尚品質和良好形象；其次，必須是跨國公司，擁有充足的全球性資源；第三，要能夠協助推行國際奧委會營銷計畫。由於TOP計畫的排他性，限制了其他同業成為國際奧委會贊助商的機會。因此，業內彼此間的競爭也在無形中把申請TOP計畫的贊助費越抬越高。目前，北京奧運會的全球贊助商（即第六期TOP計畫）包括：可口可樂、柯達、Swatch、John Hancock、SchlumbergerSema、Panasonic、南韓三星等七家廠商。

資料來源：整理修改自「北京奧運商情商機專區」。線上檢索日期：2007年5月10日。網址：http://www.taiwantrade.com.tw/tpt/olympic/

結 語

　　運動贊助已是一種潮流，是一種企業與運動組織互蒙其利的雙贏做法。對企業而言，藉由運動贊助活動，對企業本身的形象可大為提升。另外透過媒體的大幅報導，企業的產品及標誌可一再的出現在全國觀眾眼前，將大大提升企業在消費者心中的知名度，增進消費者對其產品的信心，進而增加產品的銷售量，運動贊助可說是一種最佳的廣告方式。對於運動組織推行運動的過程，將不再是單打獨鬥，而是透過企業界的贊助，在器材、設備、人力、場地、金錢方面獲得最佳的品質，對其運動的發展有極大的助益。

　　因此運動贊助是近年來企業界備受矚目的一種策略，在媒體的大力報導之下，各種現場轉播的運動比賽收視率漸高，也使得贊助廠商的曝光率增加，對於塑造優良的企業形象及聲譽助益良多，基於企業長遠利益考量，成功的贊助計畫通常可以共創雙贏互利的美好遠景，因此有越來越多的企業願意投入運動贊助活動。

　　由本章的探討可以得知運動贊助是種商業利益交換的過程，透過商

業夥伴關係維持體育運動組織與企業界之間的運作，並藉此達成彼此雙方既定之目標，運動組織與活動獲得民間企業的贊助與資源，使其活動達成預定目標，企業也因此提升了公司的形象、知名度、增加產品銷售量、媒體之曝光率等。同時根據許多運動贊助的效益研究中顯示，企業贊助運動確實提升企業知名度，並可獲得運動參與者對贊助商相關產品銷售量提升、改變現場參與者對贊助商認知態度，是企業在未來行銷策略的利器之一。尤其近年來國內運動贊助風氣漸盛，企業因參與贊助活動不論在公司形象、知名度及媒體之報導都有提升之跡象，運動就是與顧客溝通的國際語言，華碩、宏碁、明基、捷安特都是透過運動來行銷大陸市場，運動參與者往往也能因企業贊助運動而辨識出贊助廠商，對其企業品牌的喜好程度及購買意願也有明顯增加的趨勢，因此運動贊助對於企業組織或運動賽會組織的影響相當的大，當然也可以透過運動贊助的效應，來帶動運動產業的發展。

問題與討論

一、一般而言運動贊助的內涵相當廣泛，如果依贊助的對象來分類，可以區分為哪些類別，請簡要說明之。

二、企業贊助運動組織、賽會或運動員，一般可以獲得哪些贊助的效益，請簡要說明之。

三、運動贊助近年來逐漸受到企業的重視，請你舉出幾個企業贊助運動組織、運動賽會或運動選手的實例，並簡要說明之。

參 考 文 獻

陳美燕、黃煜、吳國譽（2019）。〈企業資源與體育運動——企業推手、雙贏藍海〉。《國民體育專刊》，166-189。

彭小惠等（2003）。《運動管理學》。台中：華格那。

程紹同（1998）。《運動贊助策略學》。台北：漢文。

程紹同（2001）。《第五促銷元素》。台北：滾石。

程紹同、方信淵、洪嘉文、廖俊儒、謝一睿（2002）。《運動管理學導論》。台北：華泰。

葉公鼎、蕭嘉惠、王凱立（2019）。〈運動產業——幸福經濟、運動體現〉。《國民體育專刊》，114-141。

葉佳慧（2020）。〈台灣大哥大 行動科技力挺台灣真英雄〉。《國民體育季刊》，204，74-77。

蕭嘉惠（2001）。《運動賽會贊助管理個案研究——中華汽車盃國際體操邀請賽為例》。國立台灣師範大學體育研究所博士論文。

Howard, D. R., & Crompton, J. L. (1995). *Financing Sport*. Morgantown, WV: Fitness Information Technology.

Milne, G. R., & McDonald, M. A. (1999). *Sport Marketing*. London: Jones and Bartlett Publishers International.

Stotlar, D. K. (1993). *Successful Sport Marketing*. Dubuque, IA: Wm. C. Brown.

Wilson, N. (1988). *The Sports Business*. London: Piatkus.

Chapter 7

運動產業發展的過程與挑戰

閱讀完本章，你應該能：

- 瞭解社會變遷與社會過程的意涵
- 瞭解台灣運動產業發展的問題
- 知道後疫情時代運動產業的發展趨勢
- 知道台灣運動產業未來發展的趨勢與方向

前　言

　　社會學家觀察社會的改變時往往都會以社會變遷作爲一個觀察的指標，將社會變遷做長時間的歸納整理便成爲社會過程，台灣的社會變遷研究中可以歸納許多重要的發展軌跡，其中與運動相關的部分便是現代社會受到閒暇時間增多、人口高齡化、資訊化、全球化而轉變，人們開始注重身體健康的保養工作。一方面人們的自由時間增多，連帶參與及觀賞運動的機會提升，經由科技帶來生活的便利，引發人們從事運動的需求；另一方面，卻也因爲科技進步、緊張的生活步調，導致人們生活壓力的增加，進而喚醒個人對於健康的不安全感，形成人們爲了追求健康的身心及生活品質而從事運動。運動不再是單純的競賽與能力的表現，而是健康與休閒的取向，這樣的社會變遷，是促成運動產業蓬勃發展的背景。

　　事實上，運動產業的發展是一個多元化的綜合現象，在國內的發展也逐漸突顯其重要性及前瞻性，然而產業的發展過程會隨著不同時代背景的政治、經濟環境和政府政策而呈現出不同的運動產業實態和發展模式。本章的目標在於瞭解台灣運動產業發展的過程，希望能夠整理出台灣運動產業發展的變化圖像，審視不同時期運動產業發展的特色，同時對台灣運動產業發展的社會過程予以分期，來闡述不同歷史分期的運動產業特色。

第一節　運動產業發展的過程

　　歷史的發展原本應該是延續不斷、不可分期的，然而歷史發展的最大特性便是變遷，研究歷史最大的目的就是瞭解它的變遷，運動產業發展的過程若不分期，便不容易說明其變化的實態，因此對於運動產業發

展的歷史分期，最主要的目的在於幫助我們找出歷史的分歧點，進一步觀察不同歷史階段中運動產業的質變與量變，才能瞭解運動產業發展的歷史脈絡。

然而對於運動產業發展歷史的分期是困難的，主要的原因是歷史的連續性，許多運動產業的實態往往是相互交錯無法分割的，許多有關歷史分期的論述，也因立論方法的不同而呈現多樣性，因此研究台灣運動產業發展的過程，首先要解決的課題即是適當的劃分發展階段，以下針對台灣運動產業發展的過程來說明。

針對台灣運動產業發展的分期，可以區分爲：運動產業的萌芽期（1945～1973年）、體育司成立後的奠基期（1973～1990年）與發展期（1990～1997年）、體委會成立後的轉型期（1997～2012年）、體育署成立後的蓬勃發展期（2013～2020），分述如下：

一、運動產業的萌芽期（1945～1973年）

戰後初期在外在環境背景的影響下，無論政治、經濟環境或是社會文化都尚未穩定，普遍國民的物質生活都還不充裕，因此體育運動的推展工作就相對受到忽視，主要的體育政策仍以學校體育爲主，另一方面也因爲一般民眾的閒暇時間並不多，對運動場地設施的需求也不大，社會體育則較無計畫性的實施方案，台灣省運動會是本時期國內主要的運動賽會。而運動產業的發展特徵與實態，在本時期的發展並不明確，惟許多提供民眾從事休閒運動的服務和場所在本時期已經出現，主要的運動產業則有體育用品製造業、高爾夫產業以及少數的運動傳播業。然而本時期有關於省運會的舉辦和基礎運動設施的興建，仍然對於後續體育司成立後的奠基期有許多啟發的作用。

二、運動產業的奠基期（1973～1990年）

在體育司成立後，台灣的運動產業發展一方面受到國際間全民運動風潮的興起，另一方面台灣的政治背景逐漸走向威權轉型的進程，經濟發展開始邁向新興國家，人民的所得提升，隨著民生基礎建設的逐漸完成，運動場地設施的興建，也大多是在本時期興建完成，因此運動產業的發展就在這樣的環境背景下而奠定基礎，將1973～1990年定義爲台灣運動產業發展的奠基期，主要運動產業發展的特徵與實態是體育用品製造業。1971年運動用品開始拓展外銷市場，到了1979年則快速發展，其他的運動產業發展如1978年《民生報》發行，1980年國內第一家健康俱樂部成立，1987年職業撞球開打，外在環境背景和產業發展實態，都顯示相關運動產業已在本時期逐漸奠定基礎。

三、運動產業的發展期（1990～1997年）

到了1990年以後，運動產業進入全面的發展期，1991年政府終止動員戡亂時期，一連串的民主化運動使台灣進入民主鞏固的階段，在經濟方面，1991年採行「促進產業升級條例」，使台灣的產業結構走向服務業的時代，服務業成爲國內第一大產業，同時體育司也在1989年推出「國家體育建設中程建設」，更讓運動產業進入全面的發展期。在本時期主要的運動產業發展特徵與實態則有：1990年以後運動健身俱樂部大量成立；中華職棒聯盟的成立，開始進入職業運動時代；運動經紀服務業開始發展；衛視體育台成立；ESPN開播；中華職籃聯盟成立以及其他許多運動產業也在1990年後興起和蓬勃發展，讓運動產業進入全面的發展期，因此將1990年到體委會成立之前定義爲運動產業的發展期。

四、運動產業的轉型期（1997～2012年）

　　體委會成立後，台灣整體的外在環境產生極大的變化，在國內外經濟發展衰退，民間消費停滯和投資銳減的環境下，運動產業的發展當然是必須有所因應與轉型，例如1998年發生亞洲金融風暴就造成許多的產業衝擊，體育用品製造業就呈現大幅的衰退，而本時期運動產業發展的特徵則是受到外在環境的影響，許多大型運動場館的興建也隨之停頓，因此體委會成立後的這段時期為運動產業發展的轉型期，主要的原因乃是體委會成立後的外在環境產生極大的變化，讓政府組織、政策和產業界都必須因應和轉型。

五、運動產業的蓬勃發展期（2013～2020年）

　　在2013年體委會轉變成教育部體育署之後，事實上體育運動經費並沒有減少，許多政策也開始重視運動產業，民眾運動風氣的提升，加上各項運動賽事和運動贊助的大量增加、運動觀光的盛行、各地區健身中心與國民運動中心的成立，使得在此時期的各項運動產業皆呈現蓬勃發展的情形。

焦點話題

人口高齡化與運動推廣趨勢

　　根據內政部戶籍人口統計資料顯示，2012年底，全台灣65歲以上高齡人口數占總人口比率為11.15%，預估台灣將在2018年成為高齡社會、2025年邁入超高齡社會；到了2060年，高齡人口比率將超過39%，台灣從高齡化社會進入超高齡社會只耗費三十二年，遠比其他國家快速許多。

法國歷時一百五十六年、挪威一百四十二年、美國九十二年，日本也要三十五年，由此可知我國人口結構高齡化的速度相當快，因此能夠因應的時間更短。而面對這樣的趨勢，政府勢必投入大量的資源在老年人的醫療照顧上，然而從另一個角度思考，如果能讓高齡者養成規律運動的習慣，維持良好的身體健康狀況，就能夠大幅減低政府在高齡醫療照顧的上的負擔，因此面對高齡化的社會，運動的推廣就顯得更加的重要。

事實上，歐美各國與日本很早就面臨高齡化的社會趨勢與挑戰，因此也提出許多社會福利政策，其中一項最正確的觀念是如何促進高齡者的身體健康，而許多研究都證明了，規律的運動有助於延緩老化與降低慢性疾病的發生，因此以芬蘭為例，芬蘭與台灣都是高齡化的社會，因此芬蘭在其國家政策主導下，政府各部門全面推展高齡運動，透過高齡運動促進計畫「Strength in Old Age」來規劃全國性的高齡者運動，各地大學運動、高齡系所及運動組織，則提供課程、師資及場地，培訓指導員、辦理地方高齡運動活動，讓高齡者有許多從事運動、促進健康的機會。而在這項政策的推動下，芬蘭中部城市佑華斯克拉，可能已經是全歐洲強壯老人最多的城市。

在台灣，面對人口高齡化的趨勢以及高齡者對運動的需求，中央政府與各縣市政府也紛紛推動各項友善高齡者運動的政策，例如：體育署就試辦「銀髮運動卡」政策，將銀髮族每次運動紀錄和身體狀況，上傳到雲端健康管理系統，幫助銀髮族隨時掌握自己的身體狀況。此外，嘉義市也建立了一套高效能的「高齡體適能檢測與正確運動健康促進模式」，從招募志工、跨領域組服務團隊、走入社區服務長者、高齡運動處方的訂定、培訓高齡運動指導志工、製作運動光碟及運動介入等均完整建構，讓高齡者可以達到活躍老化、健康老化的目標。由上述的資料也可以得知，體育運動的發展和社會趨勢的改變是息息相關密不可分的。

資料來源：作者整理。

第二節　台灣運動產業發展的問題與建議

　　台灣運動產業的發展是一個多元化的綜合現象，產業的發展過程會隨著不同時代背景的政治經濟環境、產業政策而呈現出不同的運動產業實態和發展模式。然而目前國內對於運動產業發展過程的探討仍然十分缺乏，因此透過歷史結構的分析可以發現以下幾點運動產業發展過程中的問題，並提供相關的建議：

一、運動產業發展的問題

(一)運動產業範疇中各單一產業發展的進程不同

　　運動產業是現代國家經濟發展的重要一環，然而我國運動產業的發展，依據本文的探討發現，並未形成完整的運動產業市場運作機制，各項產業範疇發展的成熟度有很大的差異。以體育用品製造業為例，在1980年代就具有極大的全球市場，現在面臨的是如何轉型的問題，而運動觀光的發展卻在起步的階段，不過台灣運動產業的市場仍不斷的擴大，運動產品與服務的需求不斷的演進與創新，顯示未來運動產業仍有極大的發展空間。

(二)運動產業政策與法規的不明確

　　政府是決定產業是否能夠成功的重要推手，另一方面則是產業本身內部所凝聚的能量必須夠大，過去政府並無明確的運動產業發展政策，只有奠定運動產業發展基礎的體育政策，因此政府必須主導訂定運動產業運作的相關法令，協助運動產業發展的法制化，並透過運動行銷、贊

助與推廣，讓既有之競技運動與全民運動基礎，加入經濟效益，促進相關之產業發展。

(三)影響各時期運動產業發展的因素並不完全相同

在運動產業發展的萌芽期，主要的影響因素為政治經濟發展的時代背景，到了體育司成立後，政策對於全民運動與競技運動的發展，則奠定了運動產業發展的基礎，緊接著全球化時代的來臨，使得台灣運動產業進入全面發展期，而知識經濟時代的來臨則讓體委會成立後的運動產業發展進入轉型期，而在體育署時期則因網路資訊科技的發展，將進入蓬勃發展期。

(四)基礎運動設施的建構無法滿足運動需求成長

健康與運動的需求因為社會變遷的趨勢，很明顯的大幅度成長，然而滿足運動與休閒的基礎設施卻沒有等比例的大幅成長，尤其是大型運動場地設施的建構，因為國人對於大型運動賽會的期盼，在未來是一種趨勢，因此如何結合國土綜合規劃，建立符合國人需求的大型運動園區，有其迫切性。

二、運動產業發展的具體建議

運動產業是先進國家產業發展的一種趨勢，而台灣運動產業的發展相對於歐美與日本，運動產業市場尚屬起步階段，因此在運動產業的推動過程中，政府必須扮演建立市場機制及積極輔導的參與者，有效結合政府機關、民間產業與非營利團體組織的力量，建立運動產業發展的推動機制。觀察歐美日等先進國家之體育與運動產業發展，全民與競技運動之水平與該國運動產業的發展實具有密切關係。唯有透過政府與民間產業界之密切結合，才能創造全民與競技運動發展所帶來的經濟利益，

並帶動相關運動產業之發展。國內產、官、學界對於運動產業的發展，應該更加重視運動產業發展的趨勢與時代的來臨，因此本章提出以下三點建議作為國內運動產業未來發展的參考。

(一)體育署應持續研訂運動產業政策

透過產官學界對運動產業發展的共識，發展出適合國內運動產業發展的環境，配合政策的推展，持續規劃研訂法制規範，健全運動產業市場的運作，訂定運動產業運作之相關法令，協助運動產業法制化。整合跨部會的行政資源和民間體育團體共同推展運動產業，體育署應從整體營造的角度來思考運動產業的發展，建構政府橫向資源整合機制，並建立相關機制協助輔導民間體育運動團體學習成長。

(二)學術界應培育專業的運動產業人力資源

推動體育專業人力培育和素質的提升，對於帶動全民運動和休閒運動產業的發展，是有絕對正面的貢獻的。現代的運動專業人力資源需求的是同時具有運動經驗，又懂得市場機制的人才，例如：運動資訊傳播業的人力資源，必須具有更多行銷與企劃的專業能力，可以處理授權、開發運動的周邊商品和附加價值。相關體育校院系應結合產業界，培養產業界所需求的專業人力資源，訓練出具有運動、休閒、企管、行銷、廣告、法律等運動產業發展所需的人才投入運動產業，同時實施證照制度和教育管理措施都是運動產業發展的基礎。

(三)產業界需要增加與異業結合的能力

知識經濟時代仰賴的是人才與知識的創新，因此未來的運動產業必然不只是身體活動的產業，而是結合觀光旅遊、傳播媒體、時尚流行的綜合產業，因此運動產業對於知識經濟的運用必須是影響人類價值觀和生活型態的社會層次和哲學層次。

如何解決台灣運動產業發展的問題？

　　運動產業在許多歐美國家都是一項蓬勃發展的產業，然而相較於這些先進國家，台灣運動產業發展，似乎遇到許多的瓶頸，在運動用品製造業方面，許多企業仍然從事代工，無法建立品牌觀念，在運動健身俱樂部則是無法大幅度的成長，除此之外，國內職業運動發展和大型運動賽會仍然無法吸引足夠的觀眾，以至於運動賽會在尋找贊助商時，也是困難重重。

　　事實上，台灣運動產業發展的問題是環環相扣的，只要從任何一個點切入都可以逐步的解開問題的癥結，可以從人才培育、運動行銷、賽事舉辦、企業贊助或運動彩券來改進都可以，首先從人才培育來說，無論是政府補助或企業贊助，國家對運動員的栽培，應該都要建立一套長遠可行的制度或計畫，從而在制度上或計畫中認真切實地去推動，選手需要的是更多的資源與訓練，而不是獲獎之後的獎金，因為當選手成功之後，社會資源自然就會源源不絕的出現。而在運動賽會的舉辦部分，終究必須回歸商業機制，也就是運動賽會提出完整的比賽宣傳企劃，吸引企業贊助比賽，並落實媒體宣傳，讓企業品牌知名度能與賽會結合，讓企業透過贊助所新增的盈餘，再用於品牌推廣及贊助運動，才是長久之計。而政府在有限的資源下，透過「運動產業發展條例」與運彩基金的資源，則可以用來培育選手與興建運動設施。以民國102年為例，運動彩券累積盈餘大約為新台幣11億5,000多萬元，該年辦理體育人才培訓經費為2億元、健全運動產業經費為6,700萬元、基層運動場館興建及維護經費為1億8,000萬元、辦理大型國際體育交流活動經費為1億5,000萬元，足見運動彩券發行對我國體育事業之貢獻。

　　由此可見，運動產業的發展雖然面臨了許多的困境，但是世界不斷在改變，行銷與創意也會不斷的出現，相信只要有制度、有策略，運動產業將仍是新世紀的明星產業。

資料來源：作者整理。

第三節　後疫情時代運動產業的發展趨勢

　　根據網路相關資料針對後疫情時代下的運動與健身產業之數位轉型布局及未來分析（https://medium.com/simplybooktw/），受新冠肺炎疫情影響，台灣許多大型運動賽事與路跑賽事紛紛停辦，導致運動零售業、私人健身房、工作室等運動產業都受到相當大的影響。全球的運動產業根據運動數據分析公司Sportradar的統計，疫情已造成運動產業龐大的經濟損失，因此許多健身房及運動場館業者紛紛採取應變措施，例如：美國知名連鎖健身房「Soul Cycle」跨入數位運動市場的領域，推出家庭版的飛輪運動套裝組的遠端教學影片，「Peloton」則是推出「把健身房搬到你家」、「想何時上課就何時上課」以及「專業教練課帶你進步」等三合一解決方案，打破健身產業時間與空間的限制。

　　因此運動產業雖然面對疫情的衝擊，然而多數的調查公司仍看好運動產業的前景，相信當疫情趨緩後健身產業可恢復到疫情前的水準。面對後疫情時代運動健身產業有以下幾個重要的發展趨勢必須理解：

1. 線上課程參與度大增：從Soul Cycle和Peloton的變革措施可以發現疫情影響之下，有更多人接受在家遠端上課。國內亦有健美女大生推出十二週精實線條改造／科學增肌計畫募資，很快就募資完成，印證了線上健身課程的趨勢。
2. 科技健身趨勢持續成長：健身產業逐漸走向科技化與數位化，強調精準運動指示與數據分析，因此許多健身業者紛紛走向科技健身的發展趨勢。
3. 拓展數位內容：以往消費者會把健身房當成提供健身運動的器材與場所，未來健身房應該透過網路，遠端與消費者保持互動，提供最新線上預約與線上諮詢。

　　因此面對疫情的變化及消費者健身習慣的改變，運動產業應該用正面的角度來看待疫情對產業造成的衝擊，將疫情衝擊視為趨勢布局的最好轉型時機。

　　根據美國運動醫學學會（ACSM）每年針對健身產業的趨勢調查（Worldwide Survey of Fitness Trends）結果，也可以發現專業人力資源培訓的發展趨勢，**表7-1**是2021年調查結果的前十大趨勢。

表7-1　2021年體適能發展趨勢全世界大調查

排名	英文名稱	中文名稱	簡要說明
1	online training	線上訓練課程	透過網路可以進行線上個人或指導性的訓練課程。線上課程是24小時全天候提供的，可以是即時現場課程，也可以是預先錄製的。
2	wearable technology	可穿戴技術	包括健身追蹤器、智能手錶、心率監測器和GPS跟蹤設備。
3	body weight training	體重訓練	體重訓練使用最少的設備，這是簡單便宜又有效的訓練方式，結合了阻力可變的體重訓練，將體重作為訓練方式。
4	outdoor activities	戶外運動	受到COVID-19疫情影響，所以戶外活動如小團體散步、團體騎行或有組織的健行活動，變得很流行。可以是短期一日活動或計劃一週健走旅行。
5	high-intensity interval training	高強度間歇訓練	包括短時間的高強度運動，然後進行短暫的休息，這種運動形式已在全世界的健身房中普及。
6	virtual training	虛擬訓練	虛擬訓練通常是在大屏幕上的健身房中進行，運動者可以按照自己的程度與節奏進行訓練。
7	exercise is medicine	運動醫學	鼓勵醫生和其他醫療保健提供者在每次患者就診時，納入身體活動評估和相關的治療建議，並將其患者推薦給運動專業人員。
8	training with free weights	負重訓練	由教練為每種練習講授適當的形式，然後在完成正確形式後逐漸增加抵抗力。例如：舉重、槓鈴、壺鈴、啞鈴和藥球等等。
9	fitness programs for older adults	老年人健身計畫	由於高齡化的趨勢，強調高齡者的健身需求與產業市場，因為高齡者通常比年輕人擁有更多的可支配資金，因此有較高的消費能力。
10	personal training	私人培訓	私人培訓包括體能測試和目標設定，教練與客戶一對一的上課，針對學員的個人需求和目標制定客製化的課程方案。

資料來源：Thompson (2021).

　　2020年全球爆發大規模的新冠肺炎疫情，許多運動產業因防疫隔離的措施而受到極大的影響，許多大型運動賽事，例如：職業運動比賽，包括美國職籃NBA、美國職棒大聯盟MLB、職業美式足球聯盟NFL以及許多知名馬拉松路跑賽事，紛紛被迫延期或停賽，而其中最受關注的國際重大賽事，首推原訂於2020年7月舉辦的東京奧運，造成運動產業及周邊相關產業極大的損失。根據富比世在2020年8月公布的研究報告指出，肺炎疫情對於運動產業可能造成的傷害與影響，最主要來自財務面的損失，主要是因為賽事停辦或賽季縮短，造成經濟規模劇減，除了賽事本身營收的損失外，也使得運動賽事周邊產業工作生計大受影響（葉華容，2021）。

　　然而根據葉華容（2021）的研究分析，新冠肺炎疫情雖然對於運動產業產生極大的衝擊，但也帶來了運動產業轉型的新商機，未來國際運動產業結合數位新技術，隱然成形的新趨勢有三：

1. 運動科技：包括健身追蹤器、智能手錶、心率監測器和GPS跟蹤設備，利用加裝在健身器材上的物聯網裝置，建立個人運動計畫，追蹤運動日程，定期追蹤心律等資訊，受到大眾的關注。
2. 人工智慧運用： 包括網路線上訓練課程，可以是即時現場課程，也可以是預先錄製的，提供24小時虛擬訓練，運動者可以按照自己的程度與節奏進行訓練，因此小型健身房因疫情而式微，線上AI教練卻應運而生。
3. 強化虛實整合技術：以VR+5G為代表，未來將產生許多運動虛擬遊戲，搭配相關軟體與技術的升級，將是運動產業的重要趨勢與商機來源。

　　由上述說明可知，面對後疫情時代下運動產業型態的轉變，結合數位化新科技的運動需求的新形態運動模式產生，若能把握新創運動產品及服務的開發，未來運動產業的經濟效益將值得期待。

第四節　運動產業發展趨勢與挑戰

　　台灣近年來經濟與產業的發展面臨很大的挑戰，一方面中國經濟的崛起，使得台灣的製造業逐漸外移，同時全球化的趨勢與知識經濟的發展，又加速經營環境變化的速度，這些變化的速度之快、範圍之廣、影響之大，讓運動產業的發展不得不去探討未來的變化趨勢與因應之道，然而過去的許多文獻在探討社會變遷的趨勢時，大多從單一角度與事件來探討，往往侷限於某一個地區或某一項運動產業，因此本節主要的重點在於觀察長期的影響效應，從全球化與知識經濟時代來臨，這兩個國際大環境變遷趨勢來探討對運動產業的影響與衝擊，讓運動產業及早培育更專業的知識人力、擁有全球競爭力，以及思索未來發展趨勢與挑戰的因應策略。

一、全球化與運動產業

　　全球有超過億萬人口參與同一個運動項目，如足球、籃球；觀賞相同的運動比賽，如奧運會、世界盃足球賽；消費相同品牌的運動商品，如NIKE、adidas；喜歡同一個運動明星，如Michael Jordan、Tiger Woods，說明了在全球化的趨勢下，不論種族、時空和文化的差異，因此運動產業的發展，無可避免的都會受到全球化的影響。

　　而全球化的效應改變了許多過去建構我們社會體制與結構的基礎，同時也造成運動產業發展模式的衝擊，從運動產業的角度來觀察全球化的效應，至少反映了政治全球化與運動產業、商業經濟全球化與運動產業、科技文化全球化與運動產業三個面向所產生的結構效應，以下就全球化效應與運動產業衝擊兩者間的關聯性作說明（**圖7-1**）：

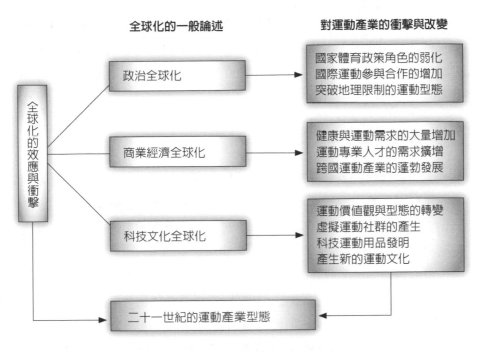

圖7-1　全球化效應對運動產業的衝擊

資料來源：作者整理。

(一)政治全球化與運動產業

　　從政治的觀點觀察全球化的衝擊，主要在於全球化打破了地理疆域的限制，對運動產業產生的衝擊是國家的政策角色和功能容易為全球市場所取代。換言之，運動產業的發展會走向全球化與國際化，許多國際性運動組織和運動競賽也會發揮它的角色與功能，政府的政策影響力將大為降低。

(二)商業經濟全球化與運動產業

　　從商業與經濟的觀點，全球化是指經濟與資本的流動，高於國家政

治規範的權力之上，反應在運動產業之上，可以觀察到以下幾個結果，第一個是跨國性運動產業會因為人們的需求而大量的增加，例如：許多跨國性的運動健身俱樂部和休閒產業在國內設置，其次則是運動用品製造業的外移。

(三)科技文化全球化與運動產業

人們會因為許多新科技的發明而利用這些科技來從事運動，運動產業界也會運用新的科技，製造出更多的運動產品，而改變了原有的運動文化。除此之外，運動用品工業也受到全球化趨勢的影響，在不同歷史時期有不同的興衰過程。

就台灣運動產業發展的角度來看，雖然全球化是近二十年來國際經濟上的一個最顯著而重要的現象，同時伴隨著全球化浪潮而來的，是十分複雜的經濟、政治、文化與社會現象。

面對世界新的潮流與趨勢，運動產業的發展也同樣受到全球化效應的影響，一方面運動產業界必須要正視全球化的影響與效應，另一方面政府機關也必須思考如何透過政府政策來主導資源的分配與整合，以扶植本土運動產業的發展和抵抗跨國集團的經濟宰制力，來因應跨國企業的加入以及本土產業外移的危機，同時加速運動產業的轉型。

二、知識經濟與運動產業

21世紀是處於一個知識經濟的時代，同時也是一個變動快速的時代，而掌握變動的方法就是資訊，面對全球化知識經濟社會的來臨，給人們生活極大的衝擊和改變。一方面經濟的成長為人們帶來富裕的生活，另一方面高齡化社會的來臨，也讓人們追求生活品質與健康成為一種新的風潮，如何將健康、運動與休閒結合成為一項知識經濟，並發揮運動休閒最大的效能，便成為未來運動產業發展一項重要的趨勢與挑戰。

在知識經濟中，知識經濟的研發與運用均有賴人力資源的創新與發展，因此以下就運動專業人力供給，以及知識經濟時代中運動產業發展之趨勢作分析。

(一)專業人力供給分析

在知識經濟的時代，運動產業發展的成敗關鍵在於專業人才的培育，在早期，體育運動專業人力的培育，多數從事體育教學或體育行政工作為主，近年來隨著休閒運動服務業逐漸的多樣化與蓬勃發展，休閒運動產業的專業人力需求大增，於是大專院校便相繼成立休閒運動管理相關科系，因為隨著全球化知識經濟時代的來臨，傳統的體育課程已經不足以完全滿足社會的需求，而朝向與健康、休閒、傳播、科學、管理等學科相結合，此外政府政策的推展和社會生活型態的轉變，使得運動走向全民化，因此結合健康、休閒、運動的休閒運動產業，將成為21世紀產業發展的新契機。然而休閒運動產業發展的重要關鍵在於專業人力的培養與供給，現代的運動專業人員可能是身體活動與傳播媒體交集的體育運動傳播人員，可能是身體活動與外交交集的國際體育事務人員，可能是身體活動與醫療保健交集的運動保健人員，諸如此類的新興專業，未來也必然會隨著體育運動的需要而產生，同時開拓體育運動產業的新市場（黃啓煌，1999）。運動產業專業人力的培養是因應休閒運動產業時代的來臨而產生，無論政府政策和專業人力的培育機構都必須正視社會的變遷，來改變專業人力的培養與訓練課程，朝向多元化的目標做轉型，才能讓運動產業更加的蓬勃發展。

(二)知識經濟時代運動產業發展之趨勢

現代人重視生活品質，因此呈現出不同風格的生活型態（lifestyle）。高齡社會的來臨和健康概念的興起，讓許多國家、都市和社區也致力於運動的推展，因此生活品質的概念，從過去的物質消費、

經濟發展和基礎建設轉變成為教育、環保、休閒與文化，因此世界先進國家和都市在未來爭取外來投資時就會特別重視文化建設和運動建設。因此未來的運動產業必然不只是身體活動的產業而已，而是結合觀光旅遊、交通通訊、傳播媒體、醫療保健等跨領域的綜合產業，其產值必然相當驚人，因此休閒運動產業對於知識經濟的運用，並不僅止於將高科技運用到休閒運動產品上這種狹隘的觀念，同時也影響人類的價值觀和生活型態等社會層次和哲學層次。

因此在知識經濟時代，台灣運動產業的發展趨勢必然會將過去勞力密集的製造業，移往國外基地生產，而走向以知識服務為主的生活產業，然而對於運動產業界而言，真正的挑戰並不是單純的運用科技或資訊而已，而是能不能有創新的經營理念與服務，這才是知識經濟時代的挑戰，以下則提出幾點產業發展的趨勢，提供運動產業未來發展一個思考的方向。

◆科技創新加速，產品生命週期縮短

科技進步使經濟社會發生極大變化，電腦、網際網路、行動電話等技術已經改變人類生活、工作、旅行、購物和通信方式，而此種科技創新的速度，遠比過去任何時期更為快速。創新知識產生與擴散效率的提高，使得科技創新週期愈來愈短，而給運動產業的啟示則是必須要有創新的思維，過去以代工為主的運動用品製造業必須思考轉型，投入更多的研發和培育專業的人力，而對於運動服務業而言，創新的管理和行銷，則是企業生存和競爭的重要關鍵。

◆消費需求層次提升、知識型產品興起

在知識經濟時代，消費者可以從廣播、電視、網路、電子郵件、資料庫檢索、書本、雜誌等取得各項與產品事實有關的知識，以及向誰購買的知識，充分掌握產品品質、價格與相關資訊，因此企業紛紛透過網際網路，設立具有廣告、推銷、宣傳、公關、零售、發行、客戶支援服

務等功能之網頁、臉書社群，這也是運動產業未來發展的重要趨勢。

◆運動產業的研發投資必須增加

為因應知識經濟時代的激烈國際競爭，企業界愈來愈依賴研發及創新提高其競爭力，企業對高科技商品和服務的投資大幅增加，除了對電腦和其他設備的有形投資外，對研究發展、人員的訓練、電腦軟體、專利技術和技術服務的無形投資，也日益增加。因此無論運動產業的從業人員或是組織都必須不斷的學習與創新，才能因應知識經濟時代下的激烈競爭。

◆策略聯盟與購併擴大知識優勢

由於產品生命週期縮短與市場的快速變動，企業間之競爭更重視知識優勢的取得與知識管理架構之建立，而結合不同領域的知識與經驗，亦成為擴大知識優勢的主要策略。因此未來運動產業的發展趨勢將不可避免的積極實施策略聯盟與購併活動，俾於彈性的結合外部資源，提升產業的競爭力。

知識經濟時代仰賴的是人才與知識的創新，因此運動產業的發展，也必須因應此一新的發展趨勢，此外，在資訊化、全球化的時代，運動產業的發展必須暢通各種管道，透過這些管道所獲得的知識與技術的結合，運用在運動管理、運動訓練、運動設施、運動競賽、運動商品等方面，因為知識經濟具有知識化、資訊化、全球化、創意化等特徵，運動產業界如能因勢利導，必將有助於我國運動產業之發展。

結　語

從社會變遷的過程，探討運動產業發展的因素和運動產業的發展，才能針對運動產業的發展趨勢與方向做出可行性的分析與評估。因為運動產業的發展並非偶然，而是受到許多社會背景因素所影響，而其中政

策的制定過程，更會受到當時國內外的時空背景、社會經濟結構、政府與產業界的互動關係所影響，甚至相關的產業政策規範，也會對運動產業發展造成影響。

　　運動產業的發展，可以從產業環境和外在大環境兩個角度來觀察，就產業環境而言，產業的發展必須瞭解產業的特性與內容、現有及潛在的競爭對手、顧客需求的變化，而這一部分在經營策略的領域中，已經有許多的方法和研究專注在產業分析、消費趨勢與資訊科技的發展與衝擊。

　　而另一方面有關大環境或總體環境的分析，所關心的議題與層次又高於產業環境，然而這一部分卻往往為研究者所忽略，科技與知識的發展、社會資源的消長、社會需求與價值觀的改變，動態交錯的影響與形成運動產業發展的大環境，在這些因素相互的激盪下，政府體育組織和體育政策不斷的解構重組，不同的運動產業不斷的興起與衰微，價值觀的改變、新興運動的興起，創造了許多不同的運動產業，也讓許多的運動產業逐漸衰微甚至消失，因此對於主管體育運動政策的政府機構，民間運動產業的經營者，甚至是運動產業相關的學術研究者，都應該試著去瞭解與掌握這些大環境變遷的方向，以及這些改變對運動產業所造成的趨勢與挑戰。

問題與討論

一、台灣運動產業發展的過程大致可分為哪些不同的時期？不同歷史
分期中有什麼特別的產業特色？

二、運動產業發展是一個多元化的綜合現象，因此發展過程中也會呈
現許多問題，請說明台灣運動產業發展的社會過程中，普遍存在
哪些問題？

三、相對於歐美和日本，台灣運動產業發展可以說是位於一個起步的
階段，你認為國內產官學界努力的方向為何？

四、請說明全球化與知識經濟的發展趨勢對21世紀的運動產業發展形
態會產生哪些衝擊與影響？

參 考 文 獻

黃啓煌（1999）。〈體育專業領域與市場開發〉。《大專體育雙月刊》，44，
10-11。

葉華容（2021）。〈運動產業疫後新生態與新商機〉。《前瞻經濟》，193，
95-100。

Thompson, W. R. (2021). Worldwide Survey of Fitness Trends for 2021. *ACSM's
Health & Fitness Journal, 25*(1), 10-19.

運動用品製造業

Chapter 8

閱讀完本章，你應該能：

· 瞭解運動用品製造業的定義與內涵
· 瞭解運動用品製造業的發展背景與過程
· 知道運動用品製造業的市場概況
· 知道運動用品製造業所面臨的問題
· 知道運動用品製造業發展的趨勢與方向

前　言

　　在運動世界裡，每年都有引領風潮的運動，從溫布頓網球賽、NBA
職業籃球賽、世界盃足球賽、路跑馬拉松、鐵人三項、自行車，到現在
都會男女最風行的健身俱樂部，因此無論世界流行什麼運動，最主要的
生產廠商都是台灣運動用品業者，運動用品製造業可以說是台灣運動產
業重要的項目之一。

　　事實上，運動用品製造業一直是我國重要的外銷產業之一，早期
業者主要是以接受國際著名品牌之委託製造訂單，接著不斷的轉型與升
級，從代工為主的業務到自行研發創新並建立自我的品牌，經過多年的
努力，我國運動用品製造已經建立國際地位。

　　雖然在國際市場上，中國大陸運動用品的外銷規模逐漸超越台灣，
但是大陸運動用品製造業有很多是台商投資設廠生產的產品，不過在研
發設計及高製造技術層次的部分，仍然是留在國內，顯示我國運動用品
製造產業仍然是保有競爭優勢與發展潛力的重要產業。而台灣體育用品
業大部分為中小企業，由於近年來全球性經濟不景氣，及國內生產環
境改變，勞力短缺、工資上漲、土地成本昂貴等因素，造成生產成本偏
高，失去國際競爭性，使得國內體育用品產值逐年下降，迫使很多依靠
勞工及附加價值低的廠商遷移大陸或東南亞。不過也因此造成國內產業
的升級，積極開發新產品，提升產品品質，提高產品附加價值，結合高
科技電子產業，朝向優質化、高級化、多功能化的方向發展。

　　依據上述的背景，本章將討論運動用品製造業的定義與特性、台灣
運動用品製造業發展的過程與發展現況，同時也將依據目前發展的現況
來探討未來發展的趨勢與方向。

第一節 運動用品製造業的定義與特性

一、運動用品製造業的定義與內涵

體育用品包羅萬象，從各類運動袋、運動鞋，到健身器材、釣具、帳篷等和運動相關的產品都是，根據經濟部統計資料顯示，我國主要體育用品為六大項，有高爾夫球用品、溜冰鞋、室內健身器材、漁獵用具、網球拍及羽球拍等，依時代背景的不同，每年為台灣賺進不少外匯。

有關運動產業的定義與分類，大致可以從運動的分類或是產品的分類來看，運動的方式可大體分為：活動式（active）、激烈式（sports）、戶外（outdoor）、街頭式（street）等，常見之運動項目為各類球類比賽、游泳、滑冰競速、單車競賽、田徑賽、拳擊、騎術、賽車、體操等，而休閒則包括露營與戶外休閒旅遊，如登山、健行、泛舟、潛水、帆船、拖曳傘、熱氣球、漁獵等活動。而產品的分類指的是服裝、器材、裝備等分類方式。

因此，我們可以從以下簡單的分類看出運動相關產業的規模。

(一)以運動項目分類

1.水上活動：游泳、浮潛、潛水、泛舟、衝浪、風帆、帆船等。
2.球類活動：棒球、排球、足球、籃球、網球等。
3.輪類極速運動：輪鞋、直排輪、滑板、滑板車、自行車等。
4.肢體活動：田徑、瑜伽、舞蹈、體操等。
5.戶外活動：登山、健行、露營、攀岩、越野滑雪、雪地活動等。

(二)以產品分類

1.服裝：泳衣、運動衣、休閒服、防護服等。

2.服飾配件：鞋類、襪類、帽子、手套、眼鏡、手錶、碼錶等。

3.器材、裝備：球類、球具、球拍、泳鏡、潛水裝備、護具、墊類、背包、帳篷、睡袋、手杖等。

4.其他：運動食品、Spa、按摩椅、獎盃、獎牌、計分牌、生產製造機械設備等。

綜上所述，因為運動用品種類繁多，一般的區分方式，有依運動項目及依產品性質兩種。但在產業研究上，一般僅將產品性質屬於運動設備者納入運動用品研究範圍，而產品性質屬運動服裝者歸類在成衣業，屬運動鞋者歸類於鞋業，休閒運輸設備則分屬於自行車業或機動車輛業。由於體育運動項目相當的多，同時每項運動都需要許多不同的器材與設備，因此運動用品的分類就顯得特別的困難，不過依據台灣區體育用品工業同業公會（Taiwan Sporting Goods Manufacturers Association, TSMA）所列出的產業主要產品項目中，可以大概瞭解國內運動用品製造業的概況：

1.球拍及其附屬產品。

2.高爾夫球配備及其他附屬產品。

3.健身器材及其他附屬產品。

4.野外休閒及一般運動設備。

5.各種球類及運動網。

6.水上及潛水用品。

7.溜冰鞋及冬季運動用品。

8.其他一般運動用品及設備。

9.健康產業。

雖然依據上述的分類並無法完整的定義運動用品製造業或瞭解其內涵，主要的原因是運動項目的種類繁多，同時每一種運動項目更包含許多種周邊運用的商品種類，因此上述所說明之定義與內涵，原則上仍以過去台灣製造生產的運動用品為主。

二、運動用品產業的特性

　　而在運動用品產業的特性上，發現運動用品製造業基本上還是必須因應人們的需求與時代的潮流，同時也必須面對市場的競爭和考驗，才能在商業市場中生存。因為運動用品製造業有以下四點特性：

1. 國民所得越高，對運動的需求越高，對於運動用品的需求也將隨之提升。
2. 運動用品因配合人體動作，必須注意人體工學的設計，講究安全性、功能性、舒適性及娛樂性。
3. 運動產品種類變化快，式樣和功能經常創新或增加，商標與品牌的知名度會影響產品之需求，業者須跟著流行的腳步，才能滿足消費者的需求。
4. 運動用品製造屬於高度勞力密集的產業，因產品種類與規格多，自動化和標準化有其困難存在，較適合中小型企業。

 # 第二節　台灣運動用品製造業的發展

一、台灣運動用品製造業的發展背景

　　台灣地區運動用品的生產開始於民國40年左右，然而早期政治經濟

皆不穩定，運動風氣並不發達，因此除了學校所需的運動器材外，國內的需求與市場並不大，當時生產運動用品的廠商僅十餘家，生產的規模小、種類少且技術較爲落後，因此許多的運動用品大多仰賴進口。然而隨著政治經濟發展的穩定，民國40～60年間，隨著國外新產品和新技術的引進，同時政府政策對於全民運動和競技運動的推展，使得運動風氣與運動人口大爲增加，因此國產運動用品的產量、種類與品質也隨之增長，到了民國60年，台灣運動用品便正式拓展外銷市場。事實上運動用品製造業真正大規模的發展是從民國68年起快速發展，業者先後引進國外先進生產技術，並大量接受國際著名運動用品廠商委託製造（OEM）訂單，從而奠定了我國在國際市場上舉足輕重的產品供應者地位，至今產品90%以上仍以出口爲主。然而自民國79年後，受到國內工資、土地上漲及新台幣升值等不利因素影響，業者開始將勞力密集等技術層次較低的產品移往東南亞及中國大陸等地生產，而將技術密集及附加價值高的產品留在國內研發製造（楊束華，2000）。

從市場的角度來看，台灣運動用品產業是屬於出口導向型產業，主要的產品是以外銷爲重，外銷的依存度極高，外銷地區可涵蓋全世界一百個國家以上，主要的出口市場集中於美國地區，其次爲日本市場。

二、台灣運動用品製造業的發展過程

國內運動用品製造業的發展，從早期的代工生產，吸取製造經驗，到現在的自創品牌與研發創新，整個發展過程根據彰化銀行所做的產業動態報導資料顯示，台灣運動用品製造業的發展可以區分爲以下四個階段：

(一)運動用品製造業的萌芽期

從日據時代至民國69年間，日據時代民眾生活困苦，體育用品根本

沒有市場。民國34年台灣光復後十年間，經濟屬於戰後重建狀態，運動產品多為劣值品，不過廠商已有幾十家。民國50年後，國民生活水準漸漸提升，國內公私立機關大力推行運動，使運動用品需求量大增，此時有一百餘家廠商投入生產，同時也慢慢引進國外技術，使國內品質大大提升；網球拍工業也在此時奠定良好基礎。

(二)勞力密集與低附加價值階段

時間大概含括了從民國69～78年間，主要的運動用品製造是以勞力密集與低附加價值產品為主，本時期運動用品製造業的代表係以光男企業為首的球拍製造廠商，產業結構的特徵是以勞力密集為主，工資與土地成本不高，加上業者積極引進國外先進生產技術，將各種複合材料應用在運動用品的製造，陸續成功的開發出多種各式球拍，如網球拍、羽球拍及高爾夫球桿等，使得我國運動用品在本階段呈現高度成長趨勢，不但成為全球最重要的運動用品輸出國之一，同時因網球拍的專業製造技術與量產能力，讓我國在國際間獲得網球拍製造王國之美譽，成為世界最重要運動用品輸出國。

(三)產業外移階段

時間從民國79～87年間，受新台幣升值效應影響，本時期產業結構的特徵包含了勞力短缺、工資不斷上漲及土地成本昂貴等問題，使得產品的生產成本增加甚多，但卻也促成運動用品產業走向產業升級與產業外移的經營策略，自民國79年起，我國運動用品業者採取產業升級與產業外移並行的策略。即一方面在國內開發生產技術密集且附加價值高的產品，另一方面將勞力密集且附加價值低之產品，移轉到中國大陸與東南亞地區生產製造，此外，本時期國內的廠商繼網球拍製造王國後，更積極配合國際潮流趨勢不斷的開發新產品，也為我國運動用品產業注入新生命，積極配合國際潮流趨勢不斷的開發新產品，諸如高爾夫球具、

直排輪式溜冰鞋、釣魚具用品及室內健身器材等高附加價值之運動用品。

(四)產業升級與轉型期

時間從民國88年至今，我國運動用品製造在業者經年累積製造經驗和提升生產技術水準後，產業結構已從勞力密集邁入技術密集，將一些附加價值低且需大量勞力生產的產品項目，配合國內的生產環境與產業結構之蛻變，如勞工短缺、工資不斷上漲、土地取得不易、土地成本昂貴，加上高科技的快速發展等，因此許多業者將整廠生產線移到中國大陸及東南亞各國，或赴大陸投資並開放大陸半成品及零組件進口，以及引進外勞等措施，以因應產業結構和環境的變化。

 ## 第三節　台灣運動用品製造業市場概況

一、整體產業發展概況

台灣運動用品製造業市場概況如**表8-1**，內容概述如下（連文榮，2020）：

(一)運動成衣製造業

近年來隨著運動風風氣的提升，民眾對於戶外活動的熱衷，不論是各項球類運動如：網球、籃球、棒球或者路跑馬拉松、自行車等運動的參與，或是較爲休閒的健行、登山等活動，都成爲人們普遍的運動生活型態，同時也帶動了運動機能服飾的需求，因此全球有超過七成的機能性服飾布料來自台灣，再加上近年來傳統紡織廠努力研發創新，吸引許

表8-1　我國107年運動用品製造業概況

項目	總收入	廠商家數	就業人數
體育用品製造業	852.7億元	615家	19,352人
運動成衣製造業	323.2億元	65家	1,284人
運動用品及器材批發業	957.4億元	2,973家	14,996人
運動鞋類製造業	78.3億元	134家	1,679人
自行車製造業	307.0億元	52家	3,645人
自行車零件製造業	523.2億元	608家	12,758人
運動醫療保健業	171.1億元	700家	7,741人

多國際知名運動品牌上門合作，如NIKE、Under Armour，因此有五成以上的服飾是由國內紡織廠代工，根據相關資料顯示，我國107年運動成衣製造業總收入就有323.2億元，廠商家數為65家，就業人數為1,284人。

(二)運動鞋類製造業

運動鞋是運動的基本配備，隨著路跑馬拉松賽事的盛行，而產生較大的需求，而運動鞋類製造業107年的總收入為78.3億元，廠商家數為134家，就業人數為1,679人。

(三)自行車製造業

而在自行車產業部分，自行車一直是台灣品牌的代表產業，在107年運動自行車製造業總收入為307.0億元，廠商家數為52家，就業人數為3,645人，而歷年運動自行車製造業就業人數走勢，大多出現增加，顯示該行業就業環境及前景頗佳。

(四)自行車零件製造業

而在自行車零件製造業的數據資料則是總收入為523.2億元，廠商家數為608家，就業人數為12,758人。

(五)體育用品製造業

我國體育用品生產早期以高爾夫球用品為主，近年全球健身運動風氣盛行，健身器材需求成長，以室內健身器材為大宗，同時也帶動我國體育用品產值擴增，107年運動體育用品製造業的總收入為852.7億元，廠商家數為615家，就業人數為19,352人，除此之外，體育用品製造業的產業特色為廠商致力於研發及投資，因此每一員工生產總額、生產毛額及總收入也偏高。

(六)運動用品及器材批發業

運動用品及器材批發業歷年的發展與變化並不大，107年產業總收入為957.4億元，廠商家數為2,973家，就業人數為14,996人，都是呈現穩定增加的狀態。

(七)運動醫療保健業

隨著國內運動風氣的提升，因此運動醫療保健的對象不僅包括運動員，一般民眾也可能因運動造成傷害而須接受治療。運動醫療保健業在107年產業總收入為171.1億元，廠商家數為700家，就業人數為7,741人。

產業個案　健身用品製造商——岱宇國際

台灣過去一直都是健身器材的製造王國，在本章中除了介紹全球健身器材前三大業者喬山健康科技外，還有另外一家岱宇國際，自1990年創辦以來，從最早的運動器材貿易開始，延伸到代工設計製造，旗下擁有SOLE、SPIRIT、XTERRA等集團品牌；近年則是引進搖擺鈴、T-core健腹器、SOLE品牌全系列產品，成為一個重要的運動健身器材公司。

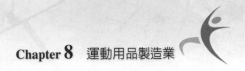

而與其他健身器材製造企業不同的是，岱宇國際看好全球的健康風氣日盛，加上全球人口老化與醫院復健資源不足問題日益嚴重，因此2013年新產品行銷重心，放在醫療復健運動健身器材，岱宇國際是少數取得ISO醫療產品認證運動器材大廠，例如：推出相關健走機產品，提供給殘疾兒童、中風患者與老年人復健使用，讓行動不便的中風患者能以坐姿使用跑步機，同時也積極開發其他行走輔具器材產品，目前開始於美國、歐洲與中國等海外市場銷售，希望能在傳統運動健身器材之外再開拓新市場。為了推展醫療復健市場的商機與市場，岱宇國際也積極參加台灣國際醫療展，展出公司研發的醫療復健器材，包括兩款復健用跑步機、兩款復健用腳踏車，以病患生理回饋及量測為主要產品訴求，加強病患的步態訓練，幫助病患早日康復。

除了開發新產品的市場之外，岱宇國際也購併加拿大健身器材經銷商Pincoffs公司，購併後岱宇將坐穩北美第三大家用健身器材廠位置，僅次於美商Icon及台灣的喬山，未來在北美市場（含加拿大）的家用健身器材營運規模，將可以拉近與喬山的差距。

資料來源：作者整理。

二、運動用品製造業範例

國內運動用品製造業因運動項目和產品的種類相當繁多，每一項產品背後就是許多的企業與工廠，以下僅簡單介紹一些知名的廠牌與企業，來瞭解他們的企業與產品（**表8-2**）。

運動產業概論

表8-2　運動用品製造業範例

企業名稱	公司簡介	產品與服務	公司網址
台灣美津濃公司	美津濃公司於民國75年向經濟部登記成立台灣美津濃股份有限公司，民國78年10月1日開始正式營業。 台灣美津濃的營業內容以內銷及外銷兼顧，將在台灣生產的高爾夫球桿、球拍、運動服裝、腳踏車零件、機能性布料等商品，外銷到美、歐、日及其他分公司。而近年來台灣產業外移，台灣美津濃的營業重點也移轉向內銷市場，目前以各項運動用品的相關商品之製造、批發、零售為主。	1.高爾夫用品：高爾夫球桿、高爾夫球鞋、高爾夫球袋、服裝、配件等。 2.棒球用品：棒球手套、球棒、棒球釘鞋、棒球服、棒壘球、護具等。 3.鞋類：田徑釘鞋、棒壘球鞋、慢跑鞋、足球鞋、排球鞋等。 4.服裝類：田徑服裝、棒壘球服裝、排球服裝等各種競技服裝。 5.其他：袋子、襪子、帽子、護腕、頭帶等。 除此之外，更於民國91年取得世界知名品牌SPEEDO在台灣的販賣代理權，正式開始代理SPEEDO泳衣、泳具在全台販賣。	http://www.mizuno.tw
寶成國際集團	寶成國際集團於民國58年創立，為全球最大品牌運動鞋與休閒鞋的製鞋集團，產業據點廣布台灣、中國、印尼、越南、美國、墨西哥等國家。每年生產一億雙以上的運動鞋，全球市場占有率大於15.8%。寶成國際集團也是全球唯一可以同時生產各類運動鞋及休閒鞋的廠商，並深獲國際領導品牌數十家廠商的肯定。	1.各種運動鞋、登山鞋、皮鞋、塑膠鞋、布鞋製造加工及銷售業務。 2.前項商品及其原料、生產設備及進出口貿易之經營。 3.其他顧問服務業。 4.其他。	http://gpo.pouchen.com/index.php/tw/
喬山健康科技股份有限公司	喬山健康科技公司擁有三家美國行銷公司及四個國際化自有品牌，使產品銷售涵蓋三個不同通路，掌握行銷通路及具全球運籌能力之健身機領導公司。	電動跑步機、室內健身車、健步機、划船器、橢圓機、重量訓練機等高級運動器材。	http://www.johnsonfitness.com

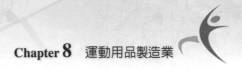

（續）表8-2　運動用品製造業範例

企業名稱	公司簡介	產品與服務	公司網址
捷安特股份有限公司（巨大實業）	巨大機械股份有限公司於民國61年成立，67年成為台灣第一大自行車製造商，70年創立自有品牌捷安特及台灣捷安特銷售公司，83年巨大股票上市。	自行車製造及銷售、自行車運動推廣與車手培訓。	http://www.giant-bicycle.com
勝利體育事業股份有限公司	成立於民國57年，為台灣羽球用品第一品牌。羽球規模是台灣最大羽球製造商，在嚴格品質管制下，勝利牌羽球早已享譽國內外，並榮獲國際羽球總會評定為國際比賽球。球拍並在82年獲頒國家精品獎。	羽球、羽球拍、羽球運動服飾及羽球運動相關運動用品。	http://www.victorsport.com.tw/index.html

產業個案　台灣的喬山、世界的Johnson

　　「喬山健康科技股份有限公司」，成立於1975年；最早的生產項目是舉重器材，以及DIY的木工機具；後來才轉型專注於心肺訓練健身機產品開發，屬於醫療保健器材產業；公司主要業務是心肺復甦健身機系列產品的研究開發、設計、生產、銷售與售後服務等，公司產品為電動跑步機、室內健身車、划船器、重量訓練器材等高級運動器材。1995年，喬山在美國購併一家行銷公司（EPIX），開始創立自有品牌──Vision，以健身器材專賣店為主要的行銷通路。在1999年，喬山又在美國創立新的自有品牌──Horizon，以運動器材量販店為主要行銷通路。

　　目前喬山集團為亞洲第一、世界前三大的國際專業運動健身器材集團公司，以「健康、價值、共享」為企業經營理念，專注於健康科技事業的發展，並以Matrix、Vision和Horizon自有品牌行銷全世界八十餘國。

　　喬山於1986年跨入健身器材OEM、ODM；於1996年創立Vision品牌，開始切入中階價位健身器材；1999年進而創立Horizon品牌，切入低價產品；2001年以Matrix進入高階產品，成長動力隨之大舉擴張。發展至今則已成為擁有四大自有品牌、六大行銷公司之健身器材大廠，展望未來，喬山在全球預防醫學風氣興起、健身中心日益普及的樂觀條件之下，依循掌握自有品牌及利用兩岸生產分工的方式，積極向世界第一的目標邁進。

資料來源：作者整理。

第四節　產業發展特色與面臨的問題

一、產業發展特色

　　台灣運動用品的製造與發展，除了不斷累積經驗，同時也配合國際潮流不斷推出新產品，因此也產生了許多不同運動種類製造的興起與沒落，民國80年以後，面臨台幣升值、工資與土地成本的提高，許多的製造業便把生產基地移往東南亞及大陸地區，不過我國運動用品外銷金額仍然占全球運動用品國際貿易總額的兩成（彰化銀行，1998）。然而到了民國85年，高爾夫球用品製造的出口規模依然保持首位，在各類運動產品中只有高爾夫球和滑雪用品出口金額有成長，其他產品出口都是衰退局面，而主要的外銷市場依然是美國、日本及香港，出口到這三地的金額占全部運動用品出口總值的六成以上。因此在運動用品製造業發展過程中，有關產業的特色有以下幾點：

(一)高爾夫球用品

近年來依舊保持各單項運動用品出口規模的首位，然而產量雖大，但產值卻不容易提升，因為其生產主要還是從事代工，無法創造品牌行銷的利潤，不過整體而言，高爾夫球產業已經逐步邁向國際化發展。

(二)溜冰鞋製造生產

溜冰鞋製造生產部分，受到世界各國對直排輪和曲棍球運動的推廣，溜冰鞋的產銷快速成長，然而在產能擴增而運動市場呈現飽和的情形下，使得許多業者紛紛外移，產值逐年衰退。

(三)體操與健身器材

1980年代，歐美興起一股健身熱潮，使得健身器材的生產是近年來成長最快速的休閒運動產品製造業，不過同樣也面臨到大陸及東南亞地區的低價銷售競爭。

(四)球拍類產品

球拍類產品在業者大量外移後，產量規模就大幅的減少，是運動用品工業中衰退較多者。

二、產業所面臨的問題

目前台灣運動用品製造業所面臨的問題，主要受到許多新興國家利用廉價勞工及價格之競爭，許多訂單的轉移或流失，迫使我國相同產品之利潤減少。此外，運動用品的製造大多屬於OEM的生產方式，使得訂單並不穩定且產品行銷部分的利潤無法掌握。

　　近年來運動用品製造業所面臨的問題是新台幣升值、勞工短缺、工資不斷上漲與土地成本上揚等不利因素影響，造成生產成本的增加，致使部分業者將相關勞力密集與低附加價值產品，移轉到中國大陸及東南亞地區生產加工，但也造就我國運動用品產業朝轉型發展，即促進產業的升級，不斷開發新產品，提升產品之品質，提高產品附加價值，並朝優質化、高級化及多功能性發展。顯示該產業發展的重要警訊，即我國運動用品已出現結構性或質的改變，也提醒國內業者重視與省思。

 ## 第五節　運動用品製造業發展趨勢與方向

一、運動用品製造業的發展趨勢

　　回顧我國運動用品製造業的發展，受以下四項重大影響因素所約制（楊東華，2000）：

　　第一，全球運動用品仍將是知名品牌主導的天下，據估計全球85%的體育用品是以廠商品牌行銷，其餘15%為零售商或批發代理商品牌。亦即NIKE、Reebok、adidas、FILA、PUMA等憑其強勢的研發及行銷能力，一方面不斷以其品牌形象優勢，擴充產品線；另一方面又以委託製造（OEM）或委託設計製造（ODM）方式，從世界各地採購品質優良、價格具競爭力的產品，配合其雄厚財力推廣促銷、開闢市場通路、強化消費者服務；未來將可能形成品牌廠商大者愈大、強者愈強的情勢。勢必釋出更多OEM訂單至低成本地區，但生產者為爭取更低的成本，仍必須前往更低成本地區發展。

　　第二，全球各主要國家人口持續老化，健康意識愈加深化，對運動用品的需求仍會穩定增加，將有利於台灣的業者。預估在未來五年內全球體育用品市場規模，雖然可能無法再像1980年代那樣以每年8～10%的

幅度成長，但維持5%左右年成長率的穩定成長，是可以預期的。

第三，運動風氣必然有流行的色彩，如溜冰、滑板車都曾有過流行榮景，我國業者均曾沾光。今後如能繼續憑其靈敏度，掌握市場趨勢，發揮固有的彈性應變能力，則仍有可爲。此外，未來運動人口的成長，女性運動人口的快速增加是一重要的發展趨勢，業者應重視此一趨勢，設計生產適合女性使用的體育用品。

第四，全球行銷趨勢將更同步化。無論是體育用品零售點的擴增，專業體育用品賣場的大型化及量販化，以及品牌大廠向下游零售通路整合以縮短通路、降低配銷成本，將會大幅改變未來體育用品市場的競爭環境。因此廠商的研發能力及新產品上市、量產能力，都將面臨更大的考驗。

在這樣的發展趨勢下，台灣運動用品產業已經發展成爲全球重要供應基地，目前所具備的發展優勢包括（台灣區體育用品工業同業公會，2004）：

1.我國業者能迎合市場需要，充分配合客戶需求，彈性生產不同數量的訂單，且能迅速的對新式樣產品開發打樣，符合少量多樣生產趨勢。

2.對於各種材料的運用及加工技術相當成熟，產品品質穩定，獲得買主信賴。

3.研發中心與製造工廠生產體系發展良好，配合關係密切，降低了生產成本，分散了風險，也縮短了製程時間。

4.相關之機器設備業及模具業發達，除了精密測試儀器和部分特殊機器外，大部分設備及模具都可自國內供應，降低了成本，也縮減了擴廠及維修所需時間。

5.政府有關單位協助，像是外貿協會、生產力中心、中小企業處、工業局、工技院等多個單位，主動舉辦國際專業展、媒介買主、蒐集市場商情、輔導生產管理及協助技術研發等，也是我國體育

用品業發展能優於其他國家的另一因素。

　　儘管我國運動用品業目前因全球行銷通路重整、產品生命週期縮短等影響，使得業者必須重新思考產業升級和轉型的方向，但是展望未來，在運動人口和運動風氣持續穩定成長的優勢下，只要業者能夠運用及研發高科技的健身器材和複合材料的應用技術，並藉由充分利用中國大陸及東南亞海外基地彈性生產，我國運動用品業在國際市場上之占有率將更為鞏固。因此，要如何提升研發技術和設計能力、結合高科技電子工業來提高產品的附加價值，才是運動用品製造業未來的發展方向。

二、運動用品製造業的發展方向

(一)運動用品製造的產業升級

　　在過去運動用品製造業往往被歸類為傳統產業，然而隨著高科技的發展，許多運動用品的研發與製造都必須結合最新的科技，無論是在競技運動設備或是休閒運動器材都必須結合科技的材質或概念，例如運動服裝、運動鞋、高爾夫球桿都使用專業研發的特殊材質，產業製造結合科技不但可以提升產品的品質，更可以讓產業升級，提升產業競爭力。預料未來，高科技複合材料在各類體育用品上的應用，將會更為廣泛，同時，更先進的新產品將會給廠商帶來新的市場機會。

(二)建立產學合作的模式

　　當知識經濟時代來臨，市場會不斷地加速產業創新的需求，無論傳統產業或是科技產業，皆須快速地將創新知識和技術運用在產業創新及商品化，而台灣的產業創新，面對國際資訊快速發展和市場變化的影響，許多的產業和技術研發都必須透過產學合作與連結，始能因應國際強大的競爭壓力，因此產業界若能運用學界的研發能力，將能提升產業

競爭力。

(三)從OEM到ODM到自創品牌

產業升級的軌跡可以由代工製造逐漸升級為設計製造，而最終的目標是自創品牌，才能提升企業形象與產品的附加價值，而這也是全球化與知識經濟時代產業發展的趨勢。

一分鐘認識台北國際體育用品展

台北國際體育用品展（TaiSPO），是由外貿協會主辦、台灣區體育用品工業同業公會及台北市體育用品商業同業公會協辦的國際體育用品展覽，成為一個提供體育運動相關業者，掌握相關產業最新產品及發展之最佳平台。在活動期間除了向國內外的業者展售最新的體育用品外，同時也經常與世界體育用品工業聯盟等國際組織合作，因此這個大型的國際體育用品展往往是台灣體育用品產業的風向球。

在過去的會展活動中，大部分活動的地點多是台北世貿館展出，除了展售最新的體育用品外，也經常會和「台北國際自行車展」及「台北國際運動服飾、布料暨配件展」聯合展出。在展場中除了展示各項運動休閒用品外，主辦單位也會舉辦相關的系列活動，例如：路跑大會、世界體育用品工業聯盟製造業高峰論壇（WFSGI Manufacturers Forum）、休閒時尚活力旗艦秀等相關活動。

在2013年的台北國際體育用品展系列活動中，路跑活動是由外貿協會與喬山健康科技以及14家參展廠商合作，在大直美堤河濱公園，共同舉辦「台北國際體育用品展40週年路跑大會」，活動吸引多達3,700名民眾參與，世界體育用品工業聯盟製造業高峰論壇活動則是邀集全球業界代表性人物分享經驗與最新市場及研發趨勢，2013年的主題是看準巴西及印度兩新興市場，邀請世界體育用品工業聯盟亞太區理事Rajan Mayor

及巴西體育用品工業同業公會常務董事André Raduan來分享如何有效切入印度及巴西體育用品市場。休閒時尚活力旗艦秀以八大主題分類展示，包含健身、瑜伽、跑步、騎車、登山、衝浪、滑板、高爾夫等，模特兒依據不同主題展示出各家廠商產品特色。

而隨著高齡化社會所帶來的銀髮商機，高齡者對於休閒運動健康的需求日增，因此也有越來越多的廠商針對高齡者的需求研發設計更多樣化的運動用品，也顯示出體育用品產業未來的發展趨勢與潛力。

資料來源：作者整理。

結　語

台灣體育用品製造業經過多年發展，已建立國際地位。雖然在國際市場上，中國大陸體育用品的外銷規模已有超越我國之勢，但實際上，由中國大陸出口的體育用品中，有相當數量是由我國業者前往投資設廠生產之產品。綜觀我國運動用品產業的發展，大多以三角貿易方式進行，即台灣接單押匯，東南亞或中國大陸工廠出貨。這種三角貿易，普遍存在於傳統性運動用品項目。目前留在國內生產直接外銷之運動用品項目，多為高附加價值之新型或流行運動休閒用品。為維持競爭優勢，我國業者目前這種將研發、接單、打樣、開模及製造技術層次較高的生產部分留在國內，將勞力密集加工部分移往中國大陸或東南亞等海外生產基地的做法，已成功地使我國運動用品產業轉型與升級。

就國內經濟環境而言，雖然運動用品製造業經過了多年的發展，已經累積相當多的製造經驗，然而也面臨許多的挑戰，例如面對許多新興國家低價銷售的競爭，以及工資上揚、成本提高導致利潤的降低，再加上未能建立自有品牌和行銷的能力不足，以至於要讓產業轉型或升級並不容易，整體而言，由於生產成本的提高，因此使得運動用品產業的外

銷值呈現持續衰退的現象，在此大環境不佳的情況下，許多的業者逐漸地移轉到大陸和東南亞國家生產加工，尤其必須因應加入WTO後全球的競爭壓力，不過因為隨著休閒運動人口的增加，運動用品的需求還是有成長的空間，因此展望未來，運動用品製造業的發展方向必須朝向消費者與顧客導向為主，必須能夠掌握全球化的趨勢和知識經濟的特質，開創自有品牌、提高產品的附加價值，才是產業發展的方向。

　　展望未來，隨著運動參與人口持續的成長，運動休閒依然是世界經濟發展國家的共同趨勢，因此運動用品製造業仍有發展的空間，不過產業發展的趨勢顯示，運動用品屬於消費性產品，消費者除了對品質的要求會與日俱增外，消費者也會追求流行趨勢，故運動用品製造與零售業者除了應契合消費市場脈動，更須面臨更大的挑戰與考驗。面對世界運動用品市場的發展趨勢，相信我國運動用品業仍有發展空間，業者如何結合國內高科技的優勢，建立資訊網站，提升國際行銷能力，開發新產品，並開創自有品牌，提高產品利基，才是國內運動用品製造業發展的方向。

問題與討論

一、運動用品製造業一直是我國重要的外銷產業之一，請說明什麼是運動用品製造業？運動用品製造業包含哪些內容？

二、台灣運動用品製造業的發展大致可以區分為哪幾個階段？不同階段有哪些特色？

三、台灣運動用品製造業的發展，目前面臨哪些問題，請說明之。

四、台灣運動用品製造業具有哪些發展的優勢，未來發展的趨勢與方向為何？

運動產業概論

參 考 文 獻

台灣區體育用品工業同業公會（2004）。http://www.sports.org.tw/

連文榮（2020）。《推估試算我國106及107年度運動產業產值及就業人數等研究案》。台北：教育部。

楊束華（2000）。《我國體育用品產業現況與發展分析》。中華民國對外貿易發展協會市場研究處。

彰化銀行（1998）。〈體育用品產業〉。《彰銀資料》，44(4)，77-81。

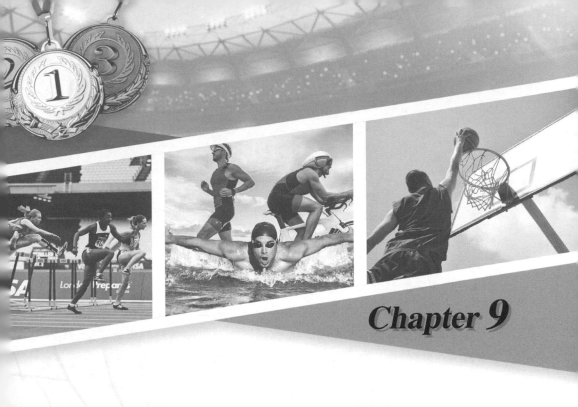

Chapter 9

運動健身俱樂部

閱讀完本章，你應該能：

· 瞭解運動健身俱樂部的定義與類型
· 瞭解台灣運動健身俱樂部的發展過程和現況
· 知道運動健身俱樂部主要的行銷策略
· 發現台灣運動健身俱樂部發展的方向與趨勢

前　言

　　人類的生活進入21世紀後，人們的生活型態與生活風格產生極大的改變，生活的態度不再只是努力工作而已，而是更加地追求身心健康與生活品質，尤其隨著國內週休二日的實施，國人的休閒時間大幅增加，人們有更多的時間可以從事休閒活動，但是因為可供民眾運動休閒的戶外場所普遍並不多，都會地區受限於空間場地，因此消費者越來越能接受到健身俱樂部運動的觀念，不再認為那只是高消費群才會去的場所，於是強調以健康、舒適、安全且具專業指導的健身休閒俱樂部之設立愈來愈普及化。

　　根據體育署2019年國人運動現況調查顯示，平常有做運動的比例為83.6%，民眾每週平均運動次數為3.75次，規律運動人口比例為33.6%，較2018年上升，國人室內運動比例也從2014年的7.3%，大幅提升至2019年的13.7%，比例增加將近1倍。而民營健身中心銷售額從102年起，每年都維持兩位數正成長，並於2018年首次突破100億元，家數成長更是超過3倍。2013年台灣健身場館僅有149家，年營收約新台幣30億元，2017年全台健身中心有369間，到了2018年成長增加到482間，至2019年8月更是高達580間。2013～2019年平均成長率為25.66%；營收在2018年時達新台幣100.8億元，會員數方面，2013年約有28萬人，至2019年8月時則達到81萬人，增加近3倍國民上健身房運動的習慣已經從2013年的1.4%提升到3.95%（王瓊霞、黃彥翔，2020），顯示未來健身運動產業的發展潛力。

　　不過雖然台灣的休閒運動市場日益擴大，但是面對迎面而來的休閒運動需求的多樣化，對於有心投入運動健身俱樂部產業，從事經營管理的人而言，處處充滿了機會，也面臨許多挑戰，因此本章的主要內容首先將探討運動健身俱樂部的定義、類型與經營內容，接著瞭解國內運動健身俱樂部發展的過程與現況，最後分析運動健身俱樂部未來發展的趨

勢與方向，讓國內運動休閒相關科系學生能更進一步深入的認識運動健身俱樂部這個行業。

第一節　運動健身俱樂部的定義與類型

要瞭解運動健身俱樂部產業，首先必須先知道運動健身俱樂部的定義、運動健身俱樂部有哪些類型，以及運動健身俱樂部主要的經營內容，因此以下整理國內許多的研究說明之。

一、運動健身俱樂部的定義

關於運動健身俱樂部之定義，過去無論在學術界或產業界並沒有統一的界定與標準，相類似的名詞亦十分繁多，包括有「健身俱樂部」、「運動健身俱樂部」、「健康體適能俱樂部」、「健康休閒俱樂部」、「健身中心」、「健康俱樂部」等。因此要對運動健身俱樂部下一個統一的定義並不容易，大部分的學者認為運動健身俱樂部的定義為採會員制的消費方式，主要是提供滿足會員運動健身需求的服務，除了提供硬體設施（如健身器材、舞蹈教室、三溫暖設備等）之外，同時也提供專業性的軟體服務項目（如有氧舞蹈教學、運動處方之開立、健身運動指導、醫療諮詢等），因此運動健身俱樂部為滿足消費者改善健康體適能及社交等目的，特定付費從事休閒健康相關活動的商業性運動服務事業體。由此可知，舉凡健康體適能俱樂部、運動健身俱樂部、體適能俱樂部、運動健身休閒俱樂部、運動休閒俱樂部、運動健康俱樂部、健康俱樂部、健身俱樂部等，都屬於此種產業的別名。

二、運動健身俱樂部的類型

隨著休閒運動產業的發展,有越來越多的研究者投入休閒運動相關產業的研究,但是因為在運動健身俱樂部的類型與分類方面,由於各家學者所採用的標準與依據不盡相同,導致其區分出的類型亦有所不同,因此以下從經營主題與經營目標定位兩個面向所做的分類,便可以大致瞭解國內運動健身俱樂部的型態與類型。

(一)依經營主題分類

有關國內健康休閒俱樂部的分類,黃啓明(2001)將其分為以下幾種類型:

1. 專業運動健身俱樂部:經營的主題為專業體適能,以健康生活為訴求、運動為主流,例如中興健身俱樂部、加州健身俱樂部等。
2. 商務聯誼俱樂部:此類型俱樂部以提供商業聯誼活動為主要目的,大多附屬於飯店內,例如台北凱悅飯店健身中心、遠企飯店健身中心等。
3. 社區型健康休閒運動俱樂部:可分為兩大類,一是俱樂部設備為私人產權,採開放式經營;另一種俱樂部設備以社區的公共設施為主,社區住戶為基本會員。
4. 休閒功能型鄉村俱樂部:地點較偏遠,採全方位經營手段,顧客群以家庭親子為對象,例如統一健康世界。
5. 特殊主題俱樂部:鎖定一項主題活動為行銷特色,突顯主題的吸引力並製造話題吸引顧客,顧客對象為特定族群,例如揚昇高爾夫俱樂部。

(二)依經營目標定位分類

林月枝（2001）根據運動休閒俱樂部的經營目標定位將其分類為：

1. 體適能運動俱樂部：以提升體適能運動為主要訴求，所提供的設施以健身房、有氧舞蹈教室為基本設施，有些另附設有商品銷售區、烤箱、水療池等設施，地點亦選擇在都會區。
2. 社區親子型態俱樂部：主要為結合社區居民生活品質，強化親子互動為訴求。游泳池、水療池、健身房、兒童活動設備為基本設施，有些附設KTV、餐飲等休閒設施，以滿足全家大小運動休閒活動空間。
3. 商務聯誼俱樂部：標榜具有商務社交的身分表徵為訴求，地點多在商業區或五星級飯店內。除了運動休閒為主的設施外，另外擁有知名餐廳提供會員佳餚。
4. 鄉村型俱樂部：特色為場地較大，地點亦較遠離都會區，設施非常多樣化且完善，除了社區型俱樂部之設施外，另附設住宿、餐飲、娛樂及戶外活動設施。
5. 主題性俱樂部：以特定主題為訴求，在主題下的設施占俱樂部大部分之面積，故其他運動健身的設施在這類型俱樂部中乃成為配角。

　　根據上述許多學者的分類可以發現，俱樂部的分類與發展可以歸納分為下列幾種：(1)專業體適能運動為主的健身俱樂部；(2)商務聯誼為主的健身俱樂部；(3)健康休閒運動為主的社區型健康俱樂部；(4)休閒度假為主的鄉村俱樂部；(5)特殊主題性之俱樂部。而其中與運動產業有直接關聯的則是第一項專業體適能運動為主的健身俱樂部。

　　此外，根據中華民國有氧體能運動協會之分類，台北市運動健身俱樂部依活動性質可分為三類，分別是：(1)A級：以運動健身為主；(2)B

級：運動健身與商務聯誼各半；(3)C級：以商務聯誼為主。因此本章所指之運動健身俱樂部，係指中華民國有氧體能運動協會所認定之A級俱樂部。此類俱樂部以營利為目的，並採會員制經營，主要是提供會員運動、健身的場所及服務。除了專業性硬體設施、器材（如健身房、重量訓練器材、有氧教室等）外，亦提供專業性的軟體服務項目（如有氧舞蹈教學、重量訓練指導等）。除此之外，此種場所通常還設有附屬的硬體設施（如三溫暖、烤箱、書報閱覽區等）及軟體服務（如美容保養教學等）。

當然除了上述所做的分類外，近年來政府為了培養國人的運動習慣，改善休閒、運動空間的不足，陸續在各公立體育場館設置健身中心，並延聘師資開設各項常態性運動課程；各縣市政府也開始興建各行政區的市民運動中心，並委託民間機構經營管理，以提供市民運動健身的場所，其營運的方式及提供之服務與民營的運動健身俱樂部極為相似，故亦可將此類公營或公辦民營的運動中心視為運動健身俱樂部的類型之一。

根據上述的探討以及觀察國內運動健身產業的現況，可以發現近年台灣的健身中心的數量快速成長，也發展出許多不同類型的健身中心，若依據收費方式、課程內容與經營形態來分類大致可分為三大類：連鎖健身房、主題式小型健身工作室及公營的國民運動中心。分述如下：

1. 大型連鎖健身房：例如健身工廠、World Gym、成吉思汗、奧美伽智能健身、Curves女性健身中心等，以收取入會費及月費為主；部分則有以分鐘或次數計費為特色；健身器材大部分都有有氧及重訓器材，並提供不同團課及私人教練課程。
2. 主題式小型健身工作室：以經營課程為主要收入來源，例如豪健康運動工作室、好時光女子同樂會等等，主打有氧、瑜伽、皮拉提斯、拳擊或自由搏擊等不同團體訓練課程或私人教練課程。
3. 各縣市國民運動中心：收費方式是以小時計費或入場費的方式為

主，或者依據運動的頻率選擇購買較優惠季票或回數票，而經營型態則是與大型連鎖健身房一樣都有有氧及重訓器材以及各種團體課程。

三、運動健身俱樂部的經營內容

在台灣運動俱樂部主要是以提供不同的運動商品與服務來獲得利潤，因此對於消費者而言，這些運動商品與服務必須是多元豐富並齊全的，而且要滿足消費者對運動健身的需求，目前國內主要的運動俱樂部的類別大致可以分為全方位的運動健身俱樂部、單項的運動俱樂部（如網球、高爾夫、羽球、桌球、保齡球、游泳等），此外，也有更多規模較小、參與人口較少的運動俱樂部（如攀岩、帆船、衝浪、獨木舟）。

以下則是針對在產業規模較健全的運動健身俱樂部的商品與服務作簡介：

(一)重量訓練室

重量訓練室是運動健身俱樂部最普遍的商品與服務之一，尤其是現代的健身俱樂部，往往會標榜高科技與多功能的重量訓練器材，並提供一對一的運動健身教練等專業服務，透過專業與科學的體能檢測，來針對會員個人開出運動處方，並強調健身與雕塑身材的功能，是許多消費者喜愛和重視的商品與服務，而現代重量訓練儀器大多走向科技化、人性化與多功能化，器材的種類繁多，而且訓練的強度、速度都可以依照消費者的需求做調整，可以適合各種年齡體型和體能的消費者，一般常見的重量訓練器材有跑步機、舉重器、多功能組合訓練器等設備。

(二)有氧舞蹈教室

提供多項的有氧健身課程，包含了拉丁有氧、階梯有氧、拳擊有

氧、飛輪有氧，除此之外，有氧舞蹈教室也可以開設許多健身或雕塑身
材的課程，例如瑜伽、皮拉提斯，甚至是幼兒體能的課程，提供會員全
家到俱樂部運動的服務，同時業者也會定期開發或從國外引進最新的資
訊與課程，這項服務往往受到消費者的喜愛，尤其是受到女性會員的青
睞。

(三)游泳池

　　游泳池是一般健身俱樂部普遍的運動設施與服務，同時游泳本身也
是一項普及的休閒運動，因此參與人口也大幅的增加，加上近年來政策
的大力推展，使得游泳池成爲健身俱樂部一項重要的設施與服務，而一
般俱樂部游泳池的類型可分爲室內游泳池、室外游泳池和室內外綜合等
三種。

(四)其他常見設施

　　健身俱樂部的設施會依據其營業項目和消費者需求，而投資興建不
同設施或器材，因此除了上述之運動設施外，許多的健身俱樂部也會提
供不同項目的運動專區，例如撞球、高爾夫、桌球等，或者是餐飲休息
區、按摩區、書報閱讀區以及運動用品販賣等服務。

第二節　運動健身俱樂部發展過程與現況

一、運動健身俱樂部發展的過程

　　有關運動健身俱樂部的發展，事實上自羅馬時代，運動俱樂部、健
身房就已經存在。俱樂部內的服務與設施包括游泳池、跑道、體育館、

運動健身俱樂部的就業機會

　　健身俱樂部產業之組織架構包含：後勤支援系統及營業服務系統，其後勤系統與其他產業並無不同（即包含財務、資訊、客服、行銷及人力資源等部門），除了後勤支援之一般職類外，健身產業的主要勞工職務內容分類如下：

1. 櫃檯接待（receptionist）：負責接聽電話及招呼來訪之客人並提供第一線接待服務，同時提供初步之客戶諮詢服務等。
2. 會務銷售（sales counselor/ fitness counselor）：主要為非會員之接待服務，透過完整之訪談及參觀解說過程，提供適當的俱樂部介紹並促其加入成為會員。
3. 體適能教練（fitness instructor）：指導會員正確、安全的使用健身俱樂部內設備及相關器材，以累積相關專業，為專業健身教練之養成職位。
4. 私人教練（personal trainer）：為體適能教練之進階職位，其工作範圍及內容是業者針對市場需求所創造出來的，工作內容包括運動健身相關知識之專業諮詢、一對一健身課程之銷售與執行等。
5. 會員服務（member service officer/member relation officer）：負責處理會員各類需求與提供適切之服務，通常為現場處理客人問題，並將處理結果彙整，回報總公司。
6. 營運服務人員（service/operation staff）：包括器材設備維修、運動毛巾發放、清潔人員、警衛等，各司其職以確保健身俱樂部之正常運作。

資料來源：姜慧嵐（2005）。〈健身產業人力運用現況與管理趨勢〉。《國民體育季刊》，145，76-82。

運動區、球類運動場地以及活力再生房,因此俱樂部在歐洲已歷經數世紀的發展。在美國,從1882年成立了第一個鄉村俱樂部後,接踵成立的城市俱樂部和高爾夫球俱樂部形成了美國的「俱樂部文化」(陳金冰,1991)。台灣俱樂部的發展,最初是由美軍顧問團而來,其目的是為因應美軍需求而產生的定點單店式俱樂部;之後,1977年的太平洋聯誼社與1984年的台北金融家俱樂部成立,屬於城市俱樂部,其經營項目以商業聯誼為主,至於其他周邊設施,如網球場、健身房、游泳池等只是附屬,這些是國內最早的健康休閒俱樂部雛型。

就國內健身俱樂部產業之發展,則可以分為以下幾個階段:

(一)第一家健身俱樂部成立

國內第一家設備齊全的健康俱樂部「克拉克健康俱樂部」,成立於1980年,由美商克拉克先生與部分友人在台投資,並在台北市敦化北路、民生東路口設立(陳秀華,1993)。之後,接著有合家歡俱樂部、桑富士俱樂部等陸續成立,運動健身俱樂部才逐漸成為一項重要的運動產業。克拉克健康俱樂部首先使用進口心肺及重量訓練器材,並引進美國體適能俱樂部訓練方法及營運方式,初期加入之會員以外商為主,但是面對市場強烈競爭,克拉克健康俱樂部最後在營運十年後於1999年11月結束營業。

(二)1981~1991年間

1986年中興百貨為了要面對超大型的太平洋崇光百貨及統領、明曜百貨相繼要成立的挑戰,特地將其在五樓的辦公室移走,改建為健康俱樂部,擴大對客戶的服務,並命名為中興健身俱樂部。中興健身俱樂部也是台灣第一家由百貨公司投資建造的俱樂部。之後體適能俱樂部產業開始如雨後春筍般的成立,許多建商為了促銷房地產開始在各投資興建的社區內設立健康俱樂部。消費者反應熱烈,部分建商、企業開始介入

俱樂部產業，例如統一企業、太平洋建設、僑泰建設、宏國建設等都已投入龐大資金於俱樂部產業興建大型俱樂部，進而成立連鎖事業。

(三)1991～2001年間

雅姿韻律世界在1983年成立，董事長唐雅君於1993年將原雅姿健康世界台北分部更名為亞力山大健康休閒俱樂部；1997年正式更名「亞歷山大股份有限公司」；2001年成立亞爵會館；2002年登陸對岸，成立亞歷山大上海分部。

亞力山大健康休閒俱樂部是台灣由韻律中心轉型為體適能休閒俱樂部相當成功的例子，亞力山大是當時國內健康休閒市場上產品線最齊全的領導品牌，旗下規劃的四大事業體系分別為：亞力山大、亞爵會館、亞姿舒活家和Alexander SPA等四個品牌發展而成的健康事業體系。其成功地以市場區隔及提供服務內容的多樣化，儼然成為俱樂部產業在台灣之代名詞，分別擁有二十多家的分館。

佳姿氧身工程館則是在101金融大樓成立TAIPEI 101氧身運動館，希望能吸引頂級客層之消費者，統一集團也投資成立伊士邦健身俱樂部，再加上跨國健身俱樂部（如加州、金牌等）紛紛來台投資，也讓運動健身俱樂部日益茁壯，成為一項重要的運動產業。尤其是美商加州健身俱樂部在2000年以「健身結合娛樂」為經營概念，挾帶著美式超級行銷旋風，以25～35歲的年輕族群為對象，成功地切入目標市場，為國內健身俱樂部帶來不少衝擊。

此外，更包括了國內的耐斯企業和美國金牌俱樂部合作金牌健身俱樂部（Gold's Gym）、統一健康世界城市俱樂部與台南知名的Spa業者結合，成立統一佳佳公司，除了經營統一原有的城市俱樂部外，更積極開拓新點。

(四)跨國健身產業的進駐與在地經營型態的轉型（2000～2020年）

　　金牌健身中心（Gold's Gym）1999年進入台灣，加州健身中心2000年於台北東區布建大型健身中心，開啟美式健身產業經營模式。2001年World Gym進軍台灣，並在2010年收購加州健身在台6家據點，2020年全台擴增為90家連鎖據點，而在美式健身文化掛帥的境況下，台灣女性健身品牌亞力山大與氧身工程館相繼在2006年及2007年因財務問題而宣告停業，相對於跨國健身品牌併購與擴張的趨勢，2006年國內本土品牌「健身工廠」成立，至今約有47家據點，成為本土最大健身品牌，除此之外，也有以女性為專屬會員之健身品牌，例如：日商Curves於2007年進駐台灣，客層鎖定職場女性，目前超過140家分店。再加上各縣市政府紛紛成立國民運動中心，截至2020年，已有30座由體育署補助興建、19座縣市政府興建之國民運動中心，全台共計49座國民運動中心，讓健身產業在近年來蓬勃發展，也創造更多運動產業市場與就業機會（邱建章，2020）。

　　在運動健身俱樂部發展的過程中也可以發現，以往的健身中心多位在郊區，費用昂貴，負擔得起的人不多；如今健身房位在市中心，交通方便，會費大多下降，月繳1,000～3,000元不等的清潔費，便可以享有多種運動設施與服務，也顯示運動健身俱樂部產業發展的一項趨勢。

二、運動健身俱樂部發展的現況

　　健身俱樂部產業於1980年在台灣發展至今約有二十年的歷史，和國外的健身產業比起來，目前國內正值發展成長的階段，大部分業者都是近幾年來才加入這個產業，所以許多的管理制度和硬體設施目前仍處於起步狀態。

　　有關俱樂部發展的現況，不同俱樂部提供了不同的發展特色與服

務，以下列舉國內幾家著名的運動健身俱樂部相關的企業資料與產品服務（**表9-1**）。

表9-1 國內健身俱樂部範例

俱樂部名稱／網址	企業簡介	服務項目與特色
健身工廠 http://www.fitnessfactory.com.tw	健身工廠從2007年於高雄地區發跡起源，主要的宗旨是希望提供優質健身環境、促進人民健康、宣導正確運動觀念。目前在北中南地區皆有分店，其中高雄博愛廠位於北高雄漢神巨蛋旁的新都會區，位於捷運紅線巨蛋站與生態園區站之間，自2007年開始營業，樓層面積達三千多坪，是目前台灣地區單店規模最大的健身俱樂部。	1.提供多功能的健身設施。 2.專業的師資與課程。 3.私人教練課程。 4.休閒遊憩空間。
Curves女性健身中心 http://www.curves.com.tw	Curves發跡於美國德州，目前在全球90幾個國家擁有近7,000個據點。2007年進入台灣市場以來，目前在台灣共有55家店，目前持續增加中。Curves定位明確（專攻女性客群）且價格透明（三種付費方案），吸引不少原先沒有運動習慣的女性顧客上門。	以三十分鐘的環狀運動提供會員全身性的伸展運動、肌力訓練和有氧運動。
世界健身俱樂部 http://www.worldgymtaiwan.com	World Gym健身俱樂部創始於西元1976年，2001年World Gym首次登入台灣，2001～2013年間，快速成長，從1家成長為29家大型健身俱樂部。	1.體能重量訓練設備。 2.三溫暖設備。 3.集體運動課程。 4.一對一運動教練。 5.休閒餐飲。
BEING sport http://www.beingsport.com.tw	BEING（統一佳佳股份有限公司）是統一超商100％於97年底轉投資的健康休閒產業，期望藉由集團的力量建立一個台灣最優質的健康產業，為國人的健康盡一份心力。	1.辦公室有氧專班。 2.團體課程。 3.泳訓課程。 4.私人教練課程。

資料來源：作者整理。

運動產業概論

　　在健身房的民眾參與率方面，參與率最高的國家為瑞士（29.4%），其次為美國（29.3%），亞洲地區則以新加坡最高（19.5%），其次為日本（7.8%）。台灣民眾健身房的參與率則是從2013年的1.4%提升到3.95%（**表9-2**），其中上私人商業健身房的比例為國民運動中心的5倍左右，顯示健身產業的發展趨勢未來仍有極大的成長空間（台灣趨勢研究，2018；王瓊霞、黃彥翔，2020）。

表9-2　2013～2019年我國健身中心數、健身營業額、會員人口數、平均消費額及參與率

年	健身中心數（店數）	健身營業額（千元）	會員人口數（千人）	平均消費額（千元）	參與率（%）
2013	149	3,019,263	279.52	10.80	1.40
2014	168	4,018,021	398.61	10.08	1.98
2015	225	5,157,715	522.43	9.87	2.57
2016	299	6,221,009	553.99	11.23	2.72
2017	369	7,863,185	576.47	13.65	2.81
2018	482	10,083,325	665.70	15.15	3.24
2019/8月	580	13,133,044	813.75	16.14	3.95

資料來源：王瓊霞、黃彥翔（2020）

 運動健身產業焦點　最狂的運動新創公司Peloton

　　在過去運動健身市場上的經營模式普遍都是綜合式，也就是包含各種運動器材與課程的健身房。然而在2020新冠肺炎的疫情衝擊之下，世界各國政府勒令健身房停止營業，使得健身房產業所受的衝擊最大，不過在疫情之下，健身產業界的變化卻出現明顯的板塊移動，也造成幾家歡樂幾家愁的情況。

　　面對疫情的衝擊，健身產業紛紛開始尋找新的產業創新模式，美國知名連鎖健身房「Soul Cycle」除了跨入數位運動市場的領域，推出家庭版的飛輪運動套裝組的遠端教學影片，來滿足「在家也能做運動」這項需求。除此之外也提供45分鐘的戶外課程，讓個人、家人、朋友能揪團出遊，由Soul Cycle的教練帶隊，在戶

外騎車。蘋果公司也在2020年9月宣布進軍數位互動式健身產業，推出Fitness+服務。結合旗下手機、手錶、電視以及音樂，強調不論何時何地只要想做運動就能立刻開始。運動服飾龍頭NIKE，靠著自家推出的健身訓練APP以及線上銷售，擺脫上半年的虧損低谷，預計今年營收可以達到兩位數的成長。而總部位在德國慕尼黑的Freeletics，是歐洲地區的健身業界代表，同樣也是主打串流影音健身。

不過在這一波疫情的衝擊之下，讓付費訂閱式的互動運動方式成為新主流，使得健身界的新創公司「Peloton」成為最狂的運動新創公司，近年來股價翻漲將近3倍，「Peloton」不只賣跑步機、飛輪、線上課程，還竭盡力氣造星捧紅旗下的健身教練，號稱是集蘋果、Netflix、直播「三位一體」的最狂新創。「Peloton」的賣點，主打讓你不用出門，在家看線上直播教學踩飛輪、跑跑步機，聽健身教練令人熱血充腦的迷人嗓音和精選的動感音樂，教練就可以從螢幕上看見你的運動數值，打破健身產業時間與空間的限制。它推出「把健身房搬到你家」、「想何時上課就何時上課」，以及「專業教練課帶你進步」等三合一解決方案，從Peloton上市說明書，就可以看出他們定義自己的順序先是一家科技公司，再來是媒體公司、軟體公司。不僅是做現場直播節目造星的概念，還透過大量的YouTube影片拍攝教練們的日常生活，在網路上大力宣傳造勢。

展望健身產業的未來發展，儘管實體健身房的參與體驗感還是難以被取代，不過當健身方式變得更不受時間空間限制，也創造了越來越多新型態的運動方式，因此健身業者的經營方式也需要跟著時代趨勢變得更多元化，才能持續永續經營。

第三節　俱樂部產業發展的優勢與劣勢

運動健身俱樂部的發展是運動產業重要的一環，然而在國內運動健身俱樂部的發展也受限於一些外在的條件因素，這其中有優勢與劣勢，以下分別說明之。

一、俱樂部產業發展的優勢

(一)國民所得的提升

近年來經濟發展，平均國民所得增加，國民生活水準也隨之提升，人們將生活品質、休閒、健康視為生活中的重要部分，運動健身俱樂部因此而蓬勃發展。

(二)人口結構老化

醫藥及科技進步，平均壽命明顯延長，健康休閒俱樂部應適時提供適合老年人的活動與設施，符合高齡化社會。

(三)教育程度的提升

教育程度愈高，人們愈重視休閒生活及健康觀念已為大多數人所接受，在國內運動風氣提高之下，教育程度高者愈能接受使用者付費的觀念。

(四)女性教育程度、就業地位均逐漸提升

健康休閒俱樂部中的美容、健美、舞蹈教學等服務，可針對女性推出適合的產品服務，如全天候營業的趨勢，打破了時間限制，可提供女性較安全的運動場所。

(五)科技環境

科技進步，給消費者帶來更多的便利性，業者也能享受科技帶來的便利性。

(六)社會文化環境

國人健康意識高漲，以健康為主要訴求的休閒環境漸漸受到重視。

二、俱樂部產業發展的劣勢

(一)國內經濟景氣低迷

雖然國內經濟成長，但許多國人可支配所得增加幅度有逐年遞減的趨勢，連帶在招募會員和營業收入上也受到影響，但消費者不是完全沒錢，只是看緊荷包，而將休閒娛樂視為是多餘的開銷。

(二)專業人才不足

在人才來源方面，國內教育制度下，專業管理人才、科班出身的體育人才專業能力不足，且國內的認證制度也尚未完善，造成愈顯嚴重的人才荒。

(三)國民運動風氣未開

國人休閒時間雖然增加，但許多人的休閒模式大多花在看電視和上網或線上遊戲，至於健身、閱讀、藝文活動等所花的時間相對不多。

(四)場地取得之成本高

都市計畫與土地分區相關法規長年未經修改，土地使用分區不合時宜，跟不上健康休閒俱樂部的快速發展，應建議政府開放都市計畫分區使用規定之限制，減低場地取得之成本。

運動產業概論

(五)同業競爭

國內健身中心的經營型態同質性過高，且在面臨同業強大的競爭壓力之下，為取得品牌領先優勢提高市占率，經常透過低價滲透或非價格的競爭手段，如降價、廣告、售後服務、送課程等方式與同業競爭，龐大的經費支出造成負擔，造成經營瓶頸。

 # 第四節　運動健身俱樂部發展的方向與策略

面對未來運動健身俱樂部產業的發展，需要政府主管機構制定更明確的法令規範與政策，例如政府以「免稅制度」鼓勵高科技產業之發展，才能更進一步推動產業的發展，包括放寬運動健身俱樂部行業土地使用規定，減免稽徵營業稅額，吸引民間投資興建體育場館，及制定獎勵民間贊助全民運動發展之條例，以利產業之發展。因此展望未來健身俱樂部產業發展的趨勢與方向有以下幾點：

一、健康體適能俱樂部將快速擴增

由於經濟的成長以及人們健康意識的抬頭，體適能俱樂部的快速成長已經是國際運動產業發展的趨勢，而展望國內，台灣俱樂部會員人數與總人口數相較，未來的發展潛力無窮。台灣目前俱樂部分布仍以都市地區為主，其他如健身工廠則是以中南部為分布的據點，整體來說國內運動健身俱樂部還是以北部地區的家數較多，因此未來健身俱樂部的家數仍會不斷成長。

二、俱樂部經營行銷策略的提升

由於產業的蓬勃發展,俱樂部的經營也會走向市場競爭機制,尤其在跨國連鎖企業加入戰場後,俱樂部的經營和行銷手法都必須做改變,未來將會更重視行銷與包裝,透過電視、報紙、網路等媒體,將俱樂部的產品與服務以廣告、宣傳和包裝行銷的手法傳達給消費者。

三、課程必須走向創新與多元

過去俱樂部種類較少且單純,課程內容僅以健身器材的使用,或是有氧運動為主,但是隨著時代的進步,與競爭對手增加,現在的健身俱樂部則是走向複合式健身俱樂部,除了提供基本課程外,還要有其他方案來吸引消費者加入,例如引進各樣的有氧運動,或是為會員提供完善的運動規劃,都是業者要注意的新資訊。除此之外,更要重視產品區隔與創新,例如以健康、塑身、養身、休閒等各樣的主題為主的健身中心。俱樂部所提供的各項教學課程往往是消費者喜愛的服務,同時也是選擇俱樂部重要的參考條件之一,因此俱樂部要吸引更多的會員與消費者,則必須開發或引進更多符合消費者需求的課程,同時也必須針對消費者來設計一對一的個人體能訓練課程。

四、相關訓練器材的更新與服務品質的提升

隨著運動用品製造的電腦化與科技化,許多重量訓練器材的設計都必須結合高科技以提供更安全、更有效率的服務,此外,服務人員的專業能力與服務態度也必須不斷地提升,因此專業人力資源的訓練,如專業證照的取得以及不斷地提供訓練和進修課程等,都是健身俱樂部競爭

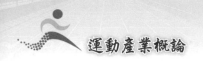

的基礎與發展的方向。

結　語

　　依據全球健康機構（Global Wellness Institute）的調查，2018年全球運動休閒的支出約為282.5千億美元（約新台幣24兆元），而健身產業的全球產值約為108.6千億美元（約新台幣3.2兆元），約占運動休閒總支出的38.44%，也顯示健身產業在運動服務產業中的重要性（王瓊霞、黃彥翔，2020）。

　　國內健康休閒俱樂部產業發展時間僅約二十年，落後美國約二十年，參與健身俱樂部的人口比起歐美國家仍是相對的低，因此仍有極大的發展空間。國外健身俱樂部的成立早已行之有年，國內在近二十年來才陸陸續續成立健身俱樂部，而近年來外商進入台灣的健康俱樂部市場，也造成另一波的競爭局勢，同時因國人所得增加，生活水準提升，運動休閒俱樂部成長勢必增加，未來在台灣運動休閒俱樂部可能朝兩種走向：一為在都會區大型的專業運動俱樂部，一為屬小型個人工作室的俱樂部，二者都可能是未來台灣運動休閒俱樂部的主流。由於運動健身俱樂部產業不若高科技或其他電子產業，具有難以複製之核心技術。因此運動健身俱樂部是屬於典型的勞力密集之服務業，人的服務是構成健身俱樂部產品之主要因素。俱樂部產業賴以維持競爭優勢取決於硬體設備及軟體服務，其中又以軟體服務部分最為關鍵，而人力資源功能及作為遂成為健身俱樂部經營管理的重要因素（姜慧嵐，2005）。因此，一個好的運動健身俱樂部除了必須具備良好的經營理念與行銷哲學之外，專業人力資源的投入更是重要，具備管理專業技術人才，能夠讓消費者在一進入俱樂部便有專業服務的等級與感受，因此，提升健身俱樂部的服務人員素質與訓練，才能有助於體適能健康俱樂部的營運和具備產業競爭力，尤其面對全球化的趨勢與跨國連鎖企業的競爭，如何做出俱樂部服務產品特色與區隔，提升服務的品質，已成為運動健身俱樂部生存

競爭的重要關鍵。目前大專院校體育、運動休閒管理或相關系所已經超過一百多所，對於俱樂部產業基礎人才的養成具有其正面積極的作用，然而誠如前幾章所言，一項產業要能蓬勃發展，仍有賴產、官、學三方共同努力，未來運動健身俱樂部的發展仍有待政府透過政策制定、學術界能研究創新，並透過產學或建教合作培育更多優秀和專業的人才等各種形式的互動交流，才能使國內健身休閒產業能有良好之發展環境，共同創造多贏契機。

展望未來台灣的健身產業的規模將越來越大，參與的人口、消費金額、健身中心家數都會快速成長，然而健身中心的經營型態也必須針對人們需求做調整，根據Thompson（2019）針對未來健身產業發展的十大趨勢，依序為穿戴式裝置、高強度間接訓練、團體訓練課程、重量訓練、個人教練、運動醫學、體重控制、老人運動、健康管理及專業教練培訓課程等，因此健身中心的經營形態與內容也必須參考產業發展趨勢做調整，結合運動科技、運動醫學的發展、線上健身課程以及人口結構的變遷趨勢，才能符合人們的需求。

問題與討論

一、上網找出幾個國內主要的運動健身俱樂部，並試著去分析不同俱樂部在產品以及行銷策略上的差異。

二、你或者周遭的朋友曾加入運動健身俱樂部並成為會員嗎？在你生活周遭有哪些運動健身俱樂部，請說明之。

三、請實際參觀一家運動健身俱樂部，並記錄其產品服務以及參觀後的感覺與心得。

四、你認為運動健身俱樂部未來發展的趨勢與方向為何？國內的市場是否已經飽和？面對全球化的競爭該如何因應？

運動產業概論

參　考　文　獻

王瓊霞、黃彥翔（2020）。〈健身房產業對國民健康的影響及貢獻〉。《國民體育季刊》，203，4-8。

台灣趨勢研究（2018）。《TTR台灣趨勢研究報告：運動服務業發展趨勢》。

林月枝（2001）。〈就運動休閒俱樂部各類型管理模式看運動休閒產業經理人協會之緣起與願景〉。《運動管理季刊》，1，52-57。

邱建章（2020）。〈台灣健身產業的經營型態與趨勢發展（1953-2020）〉。《國民體育季刊》，203，9-15。

姜慧嵐（2005）。〈健身產業人力運用現況與管理趨勢〉。《國民體育季刊》，145，76-82。

陳秀華（1993）。《健康體適能俱樂部會員消費者行為之研究》。國立體育學院碩士論文。

陳金冰（1991）。《休閒俱樂部行銷策略之研究》。國立政治大學企業研究所碩士論文。

黃啓明（2001）。〈國內健康休閒俱樂部經營模式介紹〉。《遠東學報》，19，382-385。

體育署（2020）。〈一起去運動：健身運動場館風潮興起〉。《國民體育季刊》，203，2-3。

Thompson, W. R. (2019). Worldwide survey of fitness trends for 2020. *ACSM's Health & Fitness Journal, 23*(6), 10-18.

Chapter 10

運動媒體產業

閱讀完本章,你應該能:

· 瞭解運動媒體產業的定義與分類
· 瞭解運動媒體對運動產業的效益
· 知道國內運動媒體產業的發展過程
· 知道運動媒體產業發展的問題與趨勢

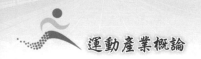

前　言

　　在現代社會中，運動已經透過媒體深深地融入我們的生活中，運動商品化的趨勢，使得運動媒體成為一項重要的運動產業，而運動與媒體業的結合最重要的目的便是開創更廣大的運動產業，以及創造更多的利潤，因為媒體可以透過運動賽事轉播增加其發行量以及廣告收入，運動組織與運動賽會則需仰賴媒體來增加門票、贊助商及轉播權利金等收入來源。因此運動傳播媒體的功能是把運動從參與型的活動（participatory sport）轉移成為觀賞型活動（spectator sport），讓運動成為日常生活中的一種休閒型態，運動不僅藉由大眾傳播媒體的幫助而普及化與國際化，同時也成為傳播媒體的一項重要內容。從經濟學的誘因觀點，觀察運動產業之所以會形成為一個產業，其實與傳播業息息相關，因為許多運動項目和賽事，必須透過傳播業的媒介才有眾多的觀賞人口，也因此才有企業願意贊助和廣告，由此可知媒體對於運動產業有推波助瀾的功能，而運動也會幫媒體創造出龐大的利潤，讓兩方都能達到雙贏的效益。

　　運動賽事相關轉播與報導儼然已成為大眾傳播媒介寵兒，其原因即在於運動對現代人來說，已經是許多人休閒生活的重心，為吸引球迷觀眾的注意，大眾傳播媒介愈發重視運動節目的轉播與新聞報導，近年來隨著資訊傳播科技的發展，運動賽事更是藉由網路媒體深入人們的生活，可見運動在21世紀已滲透到大眾生活的各個層面，同時運動媒體也形成一項單獨的運動產業。因此本章將討論運動傳播媒體的定義與分類、不同運動傳播媒體發展的過程與現況，以及運動傳播媒體發展的趨勢，來瞭解運動傳播媒體對運動產業發展的影響。

第一節　運動傳播媒體的定義與分類

　　所謂傳播媒體業，依據「中華民國行業標準分類」之定義，包括社會服務業中的出版業與廣播電視業，其中出版業定義為「凡從事新聞、雜誌（含期刊）、書籍、唱片、雷射唱片、錄音帶等編輯、出版及發行之行業均屬之」，而廣播電視業則定義為「凡從事無線電或有線電廣播、電視經營及其節目製作、供應之行業均屬之」，其中與運動休閒相關之傳播媒體業，主要是將國內或國外運動賽事相關訊息提供給社會大眾。這些運動訊息可以透過電子媒體（包括電視與廣播）、平面媒體（包括報紙、雜誌）以及電腦網路來傳播。就現況而言，台灣電視媒體包括有線電視的體育專業頻道；平面媒體則如各報紙運動版、專業運動雜誌，電腦網路媒體則是各運動組織的官網、臉書或直播。

　　因此，運動媒體產業是一種以運動為主體內容的電子、平面或網路等各類媒體所構成的一項產業，產業市場主要的特徵是依靠運動而生存，失去了運動主體，產業的性質將產生根本的改變。此外，運動主體的內容與精彩度也決定了產業的發展，例如許多職棒運動的專業雜誌，在賭博事件發生後，因為球迷的大量流失，也造成許多運動雜誌的停刊。運動媒體市場的另一個特性則是受到科技發展的極大影響，以運動報或雜誌為例，因為網際網路的快速發展，就容易被電子報或運動網站所取代，顯示了新技術的運用常會對產業市場產生洗牌的效應。

　　就運動媒體業的內涵而言，運動媒體業主要是將國內或國外運動相關訊息透過電子媒體（包括電視與廣播）、平面媒體（包括報紙與雜誌）和網際網路的傳播提供給社會大眾。目前台灣各大報都設有體育運動新聞專門版面，各電台和電視台也多會轉播重要的運動比賽，同時由於網際網路的興起，個人臉書與直播的成立更是普及，讓運動資訊的傳播與流通更為迅速和便利，也成為運動產業相當重要的部分。在運動媒

體產業中，電視是科技發展得利最多的運動傳播媒體，尤其許多職業運動與大型國際賽事的現場轉播，透過科技的協助可以提供多角度或慢動作的重播，讓球迷與觀眾可以更深入地參與運動比賽，此外，報紙與雜誌也可以透過精采的圖片與大量的整合資訊，吸引不同族群的運動迷。以下簡介運動媒體的分類。

一、平面媒體

國內的運動平面媒體大致包含了報紙和雜誌兩大類，早期的報紙僅有部分報導運動相關新聞，直到近年來才有專業運動報和專屬的運動版面出現，但後來又隨著網路媒體的發展而漸漸萎縮。運動雜誌部分，基本上可分為市場型和非市場型兩種，市場型指的是在出版市場公開販售，具有自由市場競爭力的雜誌，發行量較大，適合一般大眾閱讀，例如《職業棒球》。非市場型則是官方或半官方出版學術性質的雜誌，僅能以官方經費支助。

和電子媒體比較，當專業的電視體育台出現的時候，對報紙雜誌等平面媒體的確產生很大的衝擊，不過平面媒體可以提供較完整深入的分析報導，因此仍是運動迷接觸運動資訊的重要管道。因為就媒體而言，運動媒體提供了閱聽眾與運動迷參與運動的機會，雖然那不是他們必需的運動活動，但經由閱讀了運動的文章與照片，也等於間接參與了運動。

傳統的運動平面媒體最大的挑戰是它的時效性太慢了！以今日的職業運動或大型賽事而言，對於運動迷來講，最重要的是講求時效性，因此賽事直播與隔日的轉播，收視的流量就有明顯的差異。然而從另一角度來看，傳統的運動平面媒體依然有其不可取代的優勢。其最大的優勢是能用比較長的時間，去深入分析探討一個專題報導，這是電子媒體較難辦到的。

二、電子媒體

電子傳播媒體主要的內容可以區分為電視台和廣播電台，早期國內專業之運動電視台主要包括緯來、年代、東森、衛視、ESPN台灣台等，上述各家電視台播放之運動相關節目，以轉播職業運動比賽為主，包括職業棒球、職業籃球、職業高爾夫、職業撞球等。此外，也轉播世界各地的職業籃球、職業棒球、職業足球、美國大聯盟運動比賽等。而國內的廣播電台目前並沒有運動專業頻道，只有在某些比賽時段，藉由現有頻道進行現場轉播，電子媒體在過去具有相當重要的地位，尤其自有電視轉播，並以衛星傳送以來，國際競技賽會便成為全世界關注的焦點，尤其像是奧運或是世界盃足球賽，全球都有數十億人收看電視轉播，轉播權利金為賽事主辦單位創造數十億美元的收入，也成為賽事舉辦單位的最主要收入。

以台灣的電視媒體頻道轉播運動的現況來看，目前約有將近二十幾個運動頻道，然而其節目內容型態大都是國外賽事的轉播，對於國內運動賽事的轉播報導仍屬有限，因此許多國內運動項目的轉播紛紛朝向網路轉播媒體，主要的原因是網路媒體製播成本較低廉、透過網路製播可應用於手機等攜帶型裝置收看等優勢，因此許多運動項目的賽事都有相當高的瀏覽點播率。

三、網際網路媒體

隨著網際網路的發展，使得運動網站成為許多運動迷聚集的地方，許多的分析報導也指出，有越來越多的運動迷上網觀看線上運動新聞、運動賽事相關資訊以及運動賽事直播。

網路媒體主要有幾種型態，一種模仿傳統媒體的運作模式，自行生

產媒體內容。其組織型態接近於傳統，通常都會設有記者、編輯人員，閱聽人在網站上所看見的媒體內容是經過層層把關後生產出來的，加上一些即時互動的機制以符合網路的特質，讓媒體內容的生產者可以更直接的與讀者互動。而另外一種網路媒體就是所謂的入口網站，從網路開始商業化之後，入口網站就帶領風潮，吸引瀏覽人潮並增加會員人數，提升品牌知名度並增加會員忠誠度，提升發行量以增加廣告收入。

　　而近幾年運動媒體轉播的科技日新月異，不斷地改變我們對於運動媒體的認知，例如知名科技公司紛紛參與大型賽事的籌辦與線上轉播，以爭取商機，例如英特爾積極開發運動員軌跡追蹤與360°多視角慢動作回放技術；電商亞馬遜也透過旗下的雲端運算服務業務，與美國國家美式足球聯盟（NFL）及職棒大聯盟（MLB）合作，分析球員與球賽的各項關鍵數據並做賽事直播。因此運動媒體與運動轉播市場產生較大的變化，電視轉播平台面臨快速的流失觀眾和營收降低，因為大部分年輕人都在看網路轉播，許多運動賽事更直接在社群網路上觀看，在Facebook、Instagram、Twitter也可以與同好討論，使得運動觀賞經驗變得「碎片化」，球迷的連結透過網路變得更為緊密與多元化，這是一個運動媒體產業明顯的變化趨勢（吳誠文，2020）。

 ## 第二節　運動媒體對運動產業的效益

　　運動媒體對於運動產業所產生的效益，我們可以從過去的歷史以及重大的運動賽會來觀察，從50年代開始，運動比賽就已成為電視節目的一部分，尤其到了1984年洛杉磯奧運，單就開閉幕典禮估計全球有25億人口從螢光幕上看到現場比賽（莫季雍，2002）。奧運是舉世少數能將世上各國人民牽連在一起的一項活動，而電視更把全世界的目光聚集在一起，成為傳遞這個運動訊息的最重要工具。因此電視這個媒介對運動的貢獻，在於把運動轉變成為全球性的事件，提高人們對運動與競賽的

注意、把優秀運動員塑造成偶像，並且把以往的休閒運動轉變成為娛樂事業，電視收益助長了商業運動近幾十年來的發展。

此外，從大型國際運動賽會來看，奧運、世界盃足球賽和超級盃，可稱為是當今世界的三大運動比賽，然而運動比賽之所以受到世人矚目，是因為大眾傳播媒體的發展，但是從另一個角度來看，運動賽會也帶來了龐大的經濟效益。以奧運為例，受到觀賞人口的大幅增加，歷屆的轉播權利金不斷地增加，顯示運動媒體產業的經濟價值與規模。

尤其在全球化的過程中，透過傳播媒體也使運動從參與者導向轉型為觀眾導向的事業，運動組織可以收到更多轉播權利金，加上媒體也需要藉由賽事轉播來獲得廣告收入，因此媒體在職業運動與運動賽事相關運動產業中，扮演一個相當重要的地位，無論是參與性或觀賞性運動，透過媒體的宣傳與帶動，大大地影響眾多消費大眾。NBA職業籃球透過媒體的轉播，吸引許多民眾從事籃球運動與觀賞職業運動比賽，也提升了籃球相關周邊商品的消費；另一方面，媒體也希望藉由轉播運動比賽而吸引更多的收視族群，因此職業運動比賽的轉播權也成為各式傳播媒體極力爭取的對象，轉播權利金成為職業運動組織一項重要的收入來源。美國職業運動以及許多重要比賽，電視台雖然付出龐大的轉播權利金，但是因為擁有廣大的觀眾與消費者，因此電視台也可以賺取高額的廣告費用。根據媒體報導，福斯體育台和大聯盟官方續簽轉播合約到2028年，十年合約將付出51億美金的電視轉播權利金給大聯盟，包含電視和多平台的轉播，由此可見運動轉播與運動媒體產業的商機有多大。

若從運動的角度來看媒體對運動產生的效益，可以發現運動媒體對運動產業最主要的功能在於增加經濟收入來源，運動賽事藉由媒體的傳播，可以分別獲得贊助商贊助、增加現場門票收入以及轉播權利金等，相關內容包括：

1.贊助商贊助：運動贊助是企業界近年來參與運動的行銷模式之一，企業贊助也有贊助球隊、球員或比賽等許多不同的方式，而

運動組織或賽會吸引贊助商的方式，最重要的管道便是透過媒體
來提高知名度。

2. 門票收入：透過媒體提高曝光率或知名度，比較能夠吸引球迷或
觀眾到比賽現場觀賞比賽。

3. 轉播權利金：對於大型國際運動賽會或職業運動比賽而言，轉播
權利金是一項重要的收入來源。

 ## 第三節　運動媒體的發展過程

台灣運動傳播媒體產業的發展過程，大致可以區分為電子媒體、平
面媒體和網際網路媒體三部分來說明。

一、電子傳播媒體的發展過程

台灣第一個專門的運動頻道是1991年的香港衛視體育台，緊接著
1992年ESPN在台灣開播，這兩家國際專門運動頻道的進入，讓更多人除
了參與式的休閒運動外，接觸到高水準的競技運動，間接地帶動運動產
業的發展，而台灣的中華職棒於1990年開打，職籃於1994年開始運作，
讓國內的電視業者因為運動觀賞的熱潮而紛紛投資運動頻道，此時是運
動頻道最風光的時候，職棒運動成立之初，國內廣電媒體普遍並不看好
職業運動市場，因此在廣播部分並不熱絡，中國廣播公司自1990年開始
現場轉播職棒比賽，然而並不必給付聯盟任何權利金，電視轉播部分，
除了總冠軍戰和邀請賽之外，國內三家無線電視台並不熱衷於轉播例行
球賽，一直到1991年，三台都是免費轉播中華職棒的賽事。就商業化的
角度分析，職棒成立之初，運動觀賞人口並無統計資料，另一方面則是
職業運動球迷的特性，因為觀賞職棒運動球迷大部分是學生，因此並不
構成吸引廣告商的條件。

　　在早期有線電視成立之前，三台都設有專門的體育單位，負責每日的新聞與體育節目的製播，到了1986年，台視引進NBA的球賽轉播，後來中視也開始在週末轉播NBA，而大型運動賽會的轉播則是三台合作買下轉播權，共同轉播。而運動與電視轉播的關係一直到了90年代，有線電視合法化以後才產生較大的變化，到了立法院通過「有線電視法」，再加上職業運動市場穩定的成長，隨著有線電視的開播，逐步打破過去由三台壟斷運動轉播的局面，之後隨著有線電視台的成長與運動賽事國際化的發展，使得電子媒體發展運動轉播逐漸穩定成長發展。

二、平面傳播媒體的發展過程

　　在平面媒體的經營部分則可分為報紙和雜誌兩部分。早期國內各大報大多有固定體育運動報導版面，尤其是《民生報》、《大成報》等特別重視體育運動新聞的報導。不過在報禁解除前，台灣報紙中的運動新聞版面與篇幅分量都不重，1988年報禁開放後，報導空間增加，才使得大部分報紙開始以一至二個版面專門報導運動新聞。

　　在早期平面傳播媒體發展的主要特色是1978年《民生報》創立，到了職業運動成立後，以運動為主要報導對象的《民生報》，其廣告量排名則高居第三，由此可見運動傳播媒體的發展與職業運動及運動產業發展的關聯性。

　　有關運動雜誌部分的發展過程，隨著國內職棒與職籃運動的發展，因此運動休閒雜誌有比較寬廣的發揮空間，在這時期單項運動類的雜誌共有21本，其中則是以棒球和籃球運動雜誌為主，但是到了2002年，國內運動雜誌的發行剩下10本，其中多是單項國外職業運動項目，其中以籃球、高爾夫為主，由此可見運動雜誌的經營受到運動風氣的影響甚大，這樣的現象也顯示出職業運動對於運動傳播媒體的影響。

　　在運動雜誌市場中，長昇文化事業有限公司是國內最具規模的運動生活出版雜誌公司，成立於1989年，旗下擁有的運動雜誌有《高爾夫文

摘》、《國際網球雜誌》、*SLAM*、《XXL美國職籃聯盟雜誌》和《高爾夫假期》等五本雜誌，同時也設有長昇運動生活網站，形成運動期刊中文版的一大集團。

三、網際網路媒體的發展過程

隨著資訊科技與網際網路的蓬勃發展，使得運動傳播媒體產業的生態產生極大的改變。透過網際網路資訊的更新速度、多元化的資訊連結、多媒體的潛力、雙向互動以及滿足個人不同需求的特性，使得網際網路媒體成為促進運動產業發展的重要媒介。

就國內運動網站發展的概況，專業運動資訊網站一直到1998年之後才出現，相對於其他的大眾傳播媒體，運動網際網路媒體的發展潛力具有以下的優勢與特點：

1. 競爭市場沒有時空的限制，相對於其他的大眾傳播媒體，運動網站的經營與行銷具有即時性，可以隨時更新資訊，同時也不受銷售地點的限制，因此許多傳統的大眾傳播媒體也開始架設網站以及發送電子報，來提升競爭的優勢。
2. 運動網站的行銷所投資的成本較傳統大眾傳播媒體為低，可以提供最立即快速的服務，並且具有傳統大眾傳播所沒有的互動功能，只要配合高效率的網路行銷系統，可以改善傳統媒體單項的服務模式。

四、運動媒體產業發展範例

在瞭解運動媒體產業的定義以及運動媒體產業的內容形式後，以下列舉國內幾個常見的運動傳播媒體，同時簡要說明其所提供的相關產品與服務，來實際瞭解運動媒體產業的經營型態，如**表10-1**。

表10-1 國內常見的運動傳播媒體的相關產品與服務

媒體類別／網址	企業名稱	產品與服務
平面傳播媒體 http://www.appledaily.com.tw/	蘋果日報運動版	內容包含中華職棒、美國職棒大聯盟、日本職棒、NBA美國職業籃球、SBL、高爾夫、足球、網球等台灣與國際體育運動賽事。
電子傳播媒體 http://sport.videoland.com.tw/	緯來體育台	主力節目包含中華職棒、亞洲職棒大賽、國內重要三級棒球賽事、NBA美國職業籃球賽、法國網球公開賽、安麗益之源盃世界女子花式撞球公開賽、威廉瓊斯盃國際籃球邀請賽、HBL高中籃球聯賽、UBA大學籃球聯賽、職業撞球大賽等。
平面傳播媒體 http://www.golfdigestweb.com.tw/	高爾夫文摘	球技教學篇、高爾夫名將專訪、高爾夫旅遊、世界高球大賽報導、中外最新高爾夫新知、兒童、女性高爾夫特輯。

　　在接觸管道方面，在過去國內多數民眾以電視作為主要的運動資訊來源，其次則為接觸一般報紙的運動相關報導。至於廣播、雜誌及電腦網路，則不是民眾經常接觸的運動資訊管道，然而隨著網路科技及社群的發展，人們的閱聽行為也快速地改變。專業媒體方面，多數民眾還是較常接觸有線電視的運動報導，接觸運動專業報紙的民眾較少，接觸運動專業雜誌的民眾則是更為稀少。

　　媒體傳播科技日新月異，因此傳統的電子媒體與平面媒體的界限到了網路數位年代被打破，因此在強調訊息快速傳遞的數位年代，運動媒體產業的生態也快速轉變，今日球迷觀眾獲得賽事資訊的管道多元，除了官網、現場賽事資訊，還有國內常用的社群媒體，例如臉書、YouTube、Instagram、Twitter等，因此選手或單項運動協會必須善加經營利用，才能讓運動賽事的資訊來源更多樣化。

 政策補助資訊 大專院校培育運動傳播人才作業要點

　　教育部為了培育運動傳播人才，因此特別訂定了教育部補助大專院校培育運動傳播人才作業要點，以運動發展基金之經費，補助大專校院培育運動傳播人才，補助對象為設有體育、傳播相關科系之公私立大專校院。包括體育、運動休閒、運動競技、運動保健科系；傳播相關科系，包括傳播、廣電、新聞、數位、資訊傳播科系。這些科系的學生就下列賽事進行轉播者，則可以申請教育部的補助：

　　1.全國中等學校運動會。
　　2.全國大專校院運動會。
　　3.本部核定辦理之中等學校運動聯賽。
　　4.其他本部核定辦理之賽事。

　　相關申請計畫書內容應包括：

　　1.預計發展轉播之運動種類。
　　2.年度培育計畫、學校師資及設備。
　　3.預計參與之賽事及場次。
　　4.賽事行銷計畫，包括製作運動教育短片、社群媒體行銷、潛力選手介紹、賽事新聞報導及戰況分析。
　　5.預期成效說明。
　　6.近二年曾轉播之運動賽事。

第四節　運動媒體產業的特色與發展趨勢

一、運動媒體產業的特色

　　運動傳播媒體的產業特徵是將相同的訊息傳布給所有群眾，產業

結構的特性是由一群人分工從事傳播製作與發行的組織，同時有傳播科技介於媒介組織與其目標受眾人之間，而這個傳播媒介則是包括了傳統印刷媒介如報紙、雜誌、書籍，以及電子媒介如電視、廣播及電腦網路等，而隨著科技的發展，使得運動傳播媒體本身形成一項重要的產業，同時也成為影響與帶動運動產業發展的一項重要關鍵，主要的原因是現代的傳播媒體具有以下幾點特色：

1. 傳統傳播媒體、電子媒體與網路媒體逐漸結合，許多不同類型媒體企業皆成立粉絲專業或IG，此外也藉由網路直播，對於社會大眾產生重要的影響力。
2. 媒體資源從稀有變成豐饒，無論傳統的報紙、雜誌或是新興的網路資訊，都因消費者的需求而大量出現。
3. 原提供大眾消費的媒體內容，為因應小眾需求而變得更專門化，各個單項運動甚至一個專門主題都有可能形成一個聚集龐大觀眾或消費者的事業。

二、運動媒體產業的發展趨勢

傳播媒體由單向演變為雙向互動的傳播，尤其是網際網路的傳播媒體都提供許多互動的功能，增加相同族群的認同感，展望未來運動媒體產業的發展有以下幾個問題與發展趨勢：

1. 對於運動媒體的定義一直未有明確的定義，以運動雜誌的定義與分類為例，運動常與休閒、旅遊、健身等領域結合成一個類別，無法作出明確的分類。
2. 科技的發展，數位電視與頻道取代傳統方式，例如英國BBC的數位頻道，同時可提供數場的轉播，而隨選電視（video on demand）更將改變運動比賽的收視型態，觀眾將可以在任何自己安排的時間收看比賽。

運動媒體、電商跨界結盟

　　隨著人類社會資訊科技的進步,加上5G網路時代的來臨,媒體的種類與形式也越來越多元。因此對於球迷觀眾而言,收看、接觸運動傳播媒介的管道,也變得更多、更便利。這也導致不同型態媒體之間的競爭更加激烈,網路、影音、紙媒等不同媒體,爭取球迷閱聽眾注目度的難度與日俱增。

　　以台灣的環境為例,相對於歐美等運動大國,運動轉播媒體產業相對於其他娛樂傳播產業只能算是小眾市場。因此運動雜誌等平面媒體、或其他的運動媒體,經營現況究竟是如何?未來不同運動媒體是否能夠生存下去?面臨何種大環境與經營上的挑戰?

　　關鍵評論網旗下新興媒體《運動視界》,擁有豐富的作者,聚集大量的運動迷,於2020年和創業家集團的電商運動市集合作,推出「運動視界×運動市集」聯名選物店。是台灣新興媒體首度與電商的跨界結盟,將優質的運動內容、流量與銷售面向結合。運動媒體與電商結合最大的優勢為運動媒體可以將運動領域的優質內容及流量,結合電商所擅長的運動商品銷售與服務,為喜愛運動的消費者帶來不只是閱讀或購買,而是更全面完整的服務。

3.隨著人們的喜好與運動型態的改變,造成不同運動媒體的沒落與興起,例如許多國內職業球團出刊的職棒刊物隨著職棒運動所發生的種種問題而紛紛停刊,另一方面許多介紹新興運動的媒體逐漸出現,例如單車和直排輪相關的雜誌。

4.網路電子報與部落格的普及,透過電腦網路的傳遞,可以降低成本並加快傳播速度,同時讓雜誌的發行通路更多、更廣,粉絲專頁與社團數量將大幅成長,是否衝擊到運動媒體發展仍有待觀察。

5.運動網站的發展必須思考如何在知識經濟時代發揮創新的特色，除了加強運動資訊的互動與交流外，也應重視商務交易的經營，畢竟透過網路行銷的方法，來強化訊息和產品銷售是網路生存的方式之一。

6.網際網路媒體的力量，更將以無可預期的型態出現。目前網際網路媒體雖然受到許多限制，主要是因爲擔心強大的即時轉播能力可能侵犯到已經高價售出的電視轉播權，然而未來網際網路媒體的發展，將是一股無法阻擋的媒體力量。

從國內主要運動專業媒體紛紛結束經營的現況說明，由於台灣運動市場的經濟規模是否不夠活絡，展望未來，台灣運動媒體產業，想要永續經營發展，實有賴國內競技運動及職業運動水準的提升，方能吸引觀眾的焦點。

結　語

隨著21世紀運動產業的蓬勃發展，使得周邊產業也隨之興起，運動媒體產業就是在這樣的背景下產生，同時也成爲運動產業發展的推手。從1984年洛杉磯奧運製造出2億5,000萬美元利潤之後，美國職棒大聯盟觀眾人數回升，喬丹在NBA的巨大貢獻等；從1988年漢城奧運、2002年在韓國與日本合辦的世界盃足球賽、2008年北京奧運、2009年高雄世界運動會以及台北舉辦的聽障奧運及世大運等，這些無不顯示出亞洲運動產業時代的到來。然而現代運動能發展至今日的規模，運動傳播媒體是重要的關鍵，尤其是早期的電視轉播，從50、60年代棒球賽的觀賞到瓊斯盃籃球賽、NBA籃球賽、奧運棒球賽、世界盃棒球賽等，電視結合科技的現場轉播讓更多人能夠觀賞精采的運動比賽，一方面運動賽事提供電視媒體轉播比賽內容，而電視則支付轉播權利金，形成了一種互利共生的結構。

　　運動比賽在世界上發展至今,已變成了電視廣播、報紙雜誌等網路媒體競相報導重點,大眾傳播媒介逐漸依賴運動而生存。從早期平面報紙報導運動比賽、電視透過衛星轉播到今日的網路直播,媒體把運動比賽變成了全球性的消費品,不僅提供了運動節目,更藉由運動節目所產生出來的大量觀眾群,建構起龐大的廣告及商品市場,創造了運動、媒體與經濟發展三贏的局面。不過雖然運動轉播的重要性更甚以往,一方面替廠商創造了極佳的廣告環境,也提供運動聯盟一個提升粉絲忠誠度的機會。但是運動媒體產業發展卻相同的面臨極大的挑戰,儘管不同類型的運動媒體有其優勢與劣勢,但以當今運動媒體產業的趨勢觀察,許多平面媒體似乎都面臨嚴峻的挑戰,尤其是運動平面媒體的銷量都大幅減少,而運動網路媒體的競爭也相當激烈,因此要獲利似乎也並不容易。運動媒體產業的發展也帶給我們一些省思,就目前傳播媒體業中發展的現況來探討,負責運動休閒相關報導或節目製作的人員,如記者、主播、編導、導播等,大多數並不具有運動相關科系的學歷背景,而運動休閒相關科系之畢業生卻進不了這個產業市場,不過隨著專業分工以及人力資源培育的發展趨勢來看,可預期未來投入本產業的人力資源將會逐漸提高,而這也是運動休閒相關系所在課程規劃與設計時必須考量的一項產業發展趨勢。

 **問題與討論**

一、請說明什麼是運動媒體產業？運動媒體產業的內涵包括哪些類別？

二、運動媒體在運動產業中扮演什麼樣的角色？運動媒體會對運動產業產生何種影響與效益，請說明之。

三、網際網路的發展，使得運動媒體產業的生態產生極大的改變，請說明網際網路媒體的優勢與特性。

四、媒體結合運動已經成為一項重要的產業，請說明運動媒體產業發展的問題以及未來發展的趨勢。

吳誠文（2020）。〈AI時代的智慧科技與運動產業〉。《工業技術與資訊月刊》，344，4-7。

莫季雍（2002）。〈2000年奧運電視轉播閱聽眾的收視動機、行為與評價〉。《台灣體育運動管理學報》（創刊號），55-70。

Chapter 11

職業運動產業

閱讀完本章，你應該能：

・瞭解職業運動產業的內容與結構
・知道職業運動產業的收入來源
・瞭解國內職業運動的發展過程與現況
・知道國內職業運動發展的趨勢與方向

前　言

　　職業運動的成立與出現可以說是業餘運動發展的極致，當運動競賽具有高度的運動技能展現與認同共識，以致吸引大批觀眾觀賞，進而產生商業交易之行為，同時企業團體願意投資以獲取利益，使得運動員以運動為其專業賴以維生，此時運動商業化、職業運動產業與職業運動員便應然而生（王宗吉，1992）。在運動賽會中，職業運動賽事應該是運動產業中最重要的部分。職業運動產業的形成與發展，是運動發達與經濟繁榮國家必然的現象與產物，因此歐、美以及日本等運動與經濟高度發展的國家，職業運動產業是一個相當龐大的經濟市場。

　　以競技運動高度發展的美國為例，在所有運動產業中，職業運動的發展在美國是最成熟和最具規模的運動產業，從1869年美國出現了第一個職業運動隊——辛辛那提紅長襪隊，此後美國的職業運動產業不斷地持續擴張，更帶動美國運動產業的急速發展，觀眾和球迷也因為現代科技與傳播媒體的發達而擴展到全球，因此若以職業運動產業規模而言，美國的職業運動可說是全球最大的，其經濟規模和效益是相當可觀的。根據體育署委託財團法人中華經濟研究院所做的我國106及107年度運動產業產值及就業人數等研究案資料顯示，我國107年職業運動業的總收入為25.9億元，不過資料也顯示，歷年職業運動業總收入走勢，波動幅度較人，顯示職業運動業的收入較為不穩定。在就業人數部分107年職業運動業的就業人數為529人，不過這個數據僅包括球隊的行政人員，職業選手則列為其他專業、科學及技術服務業（連文榮，2020）。

　　而就台灣的職業運動發展而言，雖然早期有許多的職業運動選手，例如高爾夫，然而真正將職業運動產業化的應該是1990年職業棒球的誕生，職棒運動的產生不僅提供國人一個新的休閒型態，更帶動國內周邊運動產業的發展，然而將職業運動產業化後，必然要面對市場的競爭與考驗，同時也會衍生出一些問題，因此本章將探討職業運動的定義與內

容、職業運動的特徵與結構、職業運動產業的收入來源、國內職業運動
發展的過程與現況，最後再思考職業運動產業未來發展的趨勢與方向。

第一節　職業運動的定義與內容

　　職業運動產業發展的一項基本概念便是將競技運動水平提升後，將
其商業化與產業化的一項產業，同時也結合群衆的參與或觀賞，透過運
動媒體轉播、門票銷售、周邊商品的開發、職業球員的行銷與包裝以及
企業贊助所形成的一個產業市場。職業運動的發展基本上和競技運動有
密不可分的關聯性，因此影響職業運動產業發展的關鍵因素包括了民衆
參與的意願與程度、商業化的發展以及競技運動的水平，透過這些因素
所創造出的產業發展模式：

1.從業餘運動逐步走向競技運動水平的提升，創造了職業運動發展
　的基礎。
2.競技運動達一定水平後，漸漸的產生職業運動的發展。
3.職業運動形成後，邁向商業化與產業化的經營管理型態。

　　透過上述的發展模式，在職業運動形成後，會慢慢發展出特定的職
業運動文化與經營型態。除此之外，職業運動的規模也會逐漸擴增，隨
著球迷觀衆人數的增加，也將創造高額的電視轉播權利金和廣告收入。
　　從上述職業運動基本概念的說明中可以得知，所謂職業運動業，指
的是凡從事以提供大衆娛樂、觀賞爲主之職業運動，如職業棒球、職業
籃球，或從事以運動競賽爲業之職業運動，如高爾夫球、職業保齡球等
行業均屬之。台灣目前的職業運動業，主要是指職業棒球運動和職業高
爾夫，職籃曾經興起過，但卻因經營不善而封館，到了2020年再重新發
展。而職業運動組織則包括私人企業與人民團體非營利機構，以職業棒
球爲例，台灣地區職業棒球在1990年成立，球團是以私人企業公司組織

形式成立，而比賽的籌備執行則由聯盟負責。

　　因此，職業運動係由職業運動組織（如職業運動聯盟）、職業運動團體（如職業運動球團、俱樂部）、職業運動員及相關人員所構成，提供觀眾欣賞其所安排之精采賽事與表演，以收取門票、電視轉播權利金、廣告贊助收益、周邊商品販售等利潤為目的之運動產業。由於職業運動的產生對於運動產業會產生極大的影響，以職業運動本身的比賽過程為例，可以衍生出三類可銷售商品，包括觀賞球賽、運動周邊商品以及廣告贊助，運動周邊商品可以促進運動相關製造業的需求，除此之外也間接促進運動傳播媒體產業的發展，因此職業運動可以說是許多運動產業發展的原創性基礎。

　　一般而言，職業運動的項目大約分為個人及團體，個人運動項目的職業運動以高爾夫及網球為大宗，團體職業運動的如籃球、棒球、足球等，就我國職業運動的發展而言，棒球運動職業化的發展較為完整。在美國，主要的職業運動組織包括了國家籃球聯盟（National Basketball Association, NBA）、美國職棒大聯盟（Major League Baseball, MLB）、國家美式足球聯盟（National Football League, NFL）、國家冰上曲棍球聯盟（National Hockey League, NHL）、美國職業足球聯盟（American Professional Soccer League）等職業運動組織。台灣的職業運動組織與規模雖然無法與歐美、日本等國家相比，然而近年來也逐漸蓬勃發展，除了團體運動的職業棒球、職業籃球外，在撞球、保齡球、高爾夫球等運動皆有職業比賽之舉辦。顯見職業運動在運動產業所具有的潛力以及逐漸形成的重要地位。

　　職業運動是運動產業發展的火車頭，因為職業運動發展可以帶動周邊關聯產業的發展，例如：運動場館經營服務、授權運動商品、媒體轉播權利金、運動經紀行銷及企業贊助等。而除了職業運動外，國內亦有許多運動項目具備企業聯賽或運動職業化的條件，例如：超級籃球聯賽、企業排球聯賽、企業足球聯賽、企業壘球聯賽及中華企業射箭聯賽，雖然在運作組織架構仍隸屬於單項運動協會，運作型態比較屬於半

職業運動組織，然而固定的賽事賽季與觀賞人口，亦可帶動運動產業的發展，因此如何提升現有運動聯賽漸進式轉爲職業運動營運方式是未來重要工作（陳美燕、黃煜、吳國譽，2019）。

 # 第二節　職業運動產業的特徵與結構

一、職業運動的基本特徵

職業運動是高度商業化和以盈利爲目的，是以市場爲導向，自主經營、自負盈虧、自我約束和發展，具有充分自主權和相對獨立性的一種競賽體制。與其他競賽制度比較，具有自身的一些基本屬性和特徵，因此職業運動主要的特性包含了職業性和商業性兩種，說明如下：

(一)職業性

相較於「業餘性」而言，職業運動產生的是一種企業行爲，所有與之相關的從業人員都以此作爲事業追求和謀生手段。職業運動具有現代企業具備的管理機制和運行模式，有自身的職業道德準則和職業行爲規範。

(二)商業性

職業運動是在商品經濟充分發展與運動文化市場不斷擴大的條件下，自覺運用價值規律，利用高水平競技比賽的商品價值和文化價值，參與社會商業活動及社會文化活動，並透過職業運動市場，使運動員獲得高額收入，同時使經營球團或聯盟獲得經濟效益和社會效益的運動競技體制。

綜合職業運動的基本特徵可以歸納出職業運動之賽事元素，如**表 11-1**所示。

表11-1　職業運動之賽事元素

賽事場內元素	賽事場外元素
選手、教練、裁判具備高水準的競技水平	場館周邊體驗設施（如棒球賽事之投球及揮棒體驗區）
選手、教練、裁判具有張力、感染力之肢體語言	舞台活動（如猜謎、有獎徵答、大聲公比賽等）
選手或球團與觀眾之互動（如贈送隨身裝備或其他小禮品）	選手見面會或簽名會
比賽場館具有大螢幕及音響之聲光效果	贊助商提供之異業結合體驗活動（如產品試用等）
開球、中場表演及吉祥物和啦啦隊之演出	周邊商品的販售行銷

資料來源：整理自體育署（2015）。

二、職業運動的產業結構

王宗吉（1992）以社會學的觀點，就運動體系之制度化程度為基準加以分類，將運動的種類區分為非正式的運動、半正式的運動、正式的運動、職業運動，分別說明如下：

(一)非正式的運動

主要以參加者之樂趣為首要目的，其規則可依參加者的互相同意而改變，運動體系較為鬆散，可隨意改變，包括親子棒球傳接球、休息時間的排球遊戲、在空地打羽球等類型之活動。

(二)半正式的運動

　　主要以參加者之利益為目的而進行的活動，有一定成隊方式與規則，以及相關團體與組織型態，運動體系雖為組織性，但可由參加者加以控制，如各種校內競賽或市民運動。

(三)正式的運動

　　主要以運動員為主之競賽，相較於個人之樂趣與利益，則較重視其代表團體的利益，因而有強而有力的運動體系，受運動員左右的力量很少，如大專運動會或全國運動會等水準之運動競賽。

(四)職業運動

　　一切以運動為其本身的職業，運動員的利益比不上觀眾或收視聽者的樂趣重要，並以經濟利益所組成，擁有高度組織化的運動體系，受競賽者左右的成分極小，主要受外部的力量，尤其是經濟性機構。

　　由上述的說明就可以很清楚的瞭解職業運動在整個運動體系中的結構位置，黃煜和林房儧（2001）認為，職業運動聯盟的產業結構與多數產業不盡相同，其運作型態與營運模式有其特殊性，球隊一方面在運動場上競爭，但在場外卻必須彼此合作方能永續發展，因而產生既競爭又合作的關係與特性，因為基本上職棒的產業結構是屬於寡占市場，其主要特色就是組成的分子不多，因為所組成的企業數目少，使得每一個企業的行為都會對組織內的其他企業造成影響，若企業一起合作將可以增加彼此的利潤，反之，激烈的競爭將造成整個產業的獲利與利潤減少（高興桂，2000）。

　　葉公鼎（2000）在〈從經濟發展觀點談職業運動〉一文中，談到職業運動具有以休閒服務賺取利潤、透過競賽表演的營利行為、以市場為

導向、重視行銷策略、強調角色專業化與卡特爾（Cartel）行為的經濟特徵，並認為職業運動有帶動產業發展、提供正當娛樂、激發運動員潛能以提升運動技術與形成運動文化等經濟效益。同時也正因為職業運動組織結構包含了職業運動組織和球團、職業運動選手、球迷觀眾、運動媒體轉播以及民間企業贊助等，所共同組成的一項產業結構，因此職業運動的發展將帶動許多周邊關聯產業的發展。

第三節　職業運動產業的收入來源

　　職業棒球運動的產業結構是屬於寡占市場，此種產業結構所強調的是企業間的彼此合作，企業的每一舉動將會影響其他企業的獲利情況，企業若一起合作將可增加彼此的利潤，激烈的競爭反而造成企業利潤的減少，因此就職業運動本身所創造的收入或經濟效益來看，一般而言，職業運動球團的收入來源主要有六：(1)比賽門票收入；(2)廣告與贊助收入；(3)轉播權利金；(4)運動彩券；(5)周邊商品；(6)其他活動收入。各項收入的比重不盡相同，根據資料顯示，門票是職業運動聯盟經營的重要指標，同時門票的買氣可以帶動其他項目的收入，若是門票銷售不佳，其他收入也會大受影響。從上述的收入來源可以發現，職業運動組織本身是一個經營實體，同時也是資本主義下的一種商業組織與活動，而比賽或活動的舉辦主要目標是獲取利潤，因此其運作模式基本上還是依據經濟市場上的競爭、價格與供需三項經濟法則。以下分別說明幾個職業運動的收入來源：

一、比賽門票收入

　　對於職業運動聯盟或球團來說，最主要的收入來源便是比賽門票的收入，因此球迷觀眾人數的多寡便成為職業運動經營的指標，國外許多

職業運動組織每年都會公布觀眾的總人數和門票收入的狀況，作為經營好壞和比賽水準的重要參考指標；換言之，沒有觀眾就沒有足夠的門票收入，職業運動的經營就會更困難，而吸引球迷觀賞球賽的幾個因素包括了球賽精采程度和球場的硬體設施，當然觀眾人數和票價調整也都會影響門票的總收入。

二、廣告與贊助收入

職業運動產業的廣告項目很多，包括了比賽場地廣告、比賽服裝和器材的廣告、球員代言廣告等等，舉凡球場中廣告看板、球衣上企業商標、代言活動等，都是商機所在。而廣告的收入也和職業運動經營的好壞息息相關，換言之，比賽越精采，球迷觀眾人數越多，廣告的價碼也就越高。一般而言，企業主贊助職業運動主要有三個目的：結合球隊形象、提高知名度、增加企業產品銷售量，而最後一項是目前台灣最弱的一環。台灣職棒球團與贊助廠商的合作方式，不外乎為傳統廣告看板、代言活動等方式。事實上，職棒球團與贊助企業之間應該有更多元化的合作方式，讓贊助廠商能收到更多效益。

三、轉播權利金

隨著職業運動觀賞人口的增加，電視轉播權利金也就成為職業運動重要的收入來源之一，尤其近年來有線電視與網路直播的發展，未來轉播權利金的重要性也將隨之增加。尤其在全球化的時代來臨時，如何將賽事傳播到全世界，將是職業運動生存與發展的重要關鍵。

四、運動彩券

運動彩券的發行可以增加球迷觀眾對於運動的參與感，然而根據歐美、日本等國家發行運動彩券的經驗可以得知，運動彩券的發行，可以為運動籌措更多經費和利潤，吸引優秀的選手與教練，提高比賽水準，球迷觀眾和門票收入也會增加，讓職業運動產業的發展更加蓬勃。

五、周邊商品

職業運動因為有固定的球迷和會員支持者，因此周邊商品就會受到支持者的喜愛，職棒球團在經營職棒商品方面，包括了以各球隊標誌所開發出來的球員卡、紀念服、帽子、杯子等等，也吸引不少業者投入，研發各種和棒球相關的新產品。

六、其他活動收入

職業運動球團也可以利用自己的場地來舉辦相關的比賽或育樂營，透過職業運動的專業和品牌行銷，來自行創造經濟效益。

因此球團除了致力於球賽的精采度外，仍需致力於周邊產業的經營，才能為球團創造更多利潤，以近年來日本蓬勃發展的職業足球為例：自開賽以來，聯盟就相當重視品牌整體包裝，除了職業徽標、主題歌之外，還推出職業飲料、職賽快餐等特色服務，每支參賽隊也有各自風格鮮明的吉祥物、隊徽、隊旗及隊歌，同時也舉辦地方活動、友誼賽，並開辦足球學校，鞏固地方居民對於球隊品牌的認同感與參與感，為球隊票房打下厚實的基礎，而隨著職業足球的興盛，相對也帶動周邊商品，例如與足球有關的運動服飾、球鞋及配件等均暢銷熱賣（黃振

家，2004）。

而美國職業運動的收入，在門票收入分配方面各聯盟採取不同做法，如NBA規定主場球隊保有94%門票收入、客隊僅有6%，而NFL則是主隊60%、客隊40%的比例（體育署，2015）。

焦點話題

美國職棒大聯盟的營收

　　美國職棒大聯盟是最典型的職業運動，因此球團的經營必須把商業化和全球化的效益發揮到極致才能夠生存與競爭，每個球團經營都必須重視市場價值以及營收，相對的，只有高額的營收才能付出高額的球員薪資與球團支出，因此球團必須做出正確的經營與行銷策略才能創造更大的營收與經濟效益，而在台灣，台灣職棒的收入來源大致包含比賽的門票收入以及周邊商品的效益，而美國職棒大聯盟的營收則與台灣有些許不同，大致可以區分為四項：

1. 門票收入：從過去的資料來看，以2008年為例，門票收入最高的是洋基隊，其收入金額就高達2.17億美元，由此可見門票收入對於球團營收的重要性。
2. 中央基金：包括全國電視、電台、網路轉播、相關商品與商標授權、行銷活動以及國際營運收入，大聯盟每一隊都可從中央基金分到相同比例的收入。
3. 收入分享：美國職棒大聯盟設有收入分享制度，在聯盟內有營運困難的球團可以得到這筆款項。
4. 當地的電視、電台及第四台：有些球團（例如洋基隊及紅襪隊）擁有自己經營轉播的電視網，可以創造球團額外的收入。

　　根據相關資料顯示，2008年營收最高的前五個球團分別為洋基隊（3.75億美元）、紅襪隊（2.69億美元）、大都會（2.61億美元）、道奇

隊（2.41億美元）及小熊隊（2.39億美元）。此外，根據《富比世》的報導，大聯盟在2013年的營收突破80億美元（約2,368億元台幣）大關，在北美四大職業運動中排行第二，同時也締造百年歷史新紀錄，而其中電視轉播的部分，因為有非常亮眼的表現，也是大聯盟營收能夠創新高的關鍵因素，然而對於球團而言，許多球團都會把他們所創造的營收用在他們的球隊，招募更多的好球員，例如：洋基隊一年球員的薪水就超過2億2,300萬美元，居大聯盟所有球隊之冠，因此這部分是台灣職棒球團經營必須思考的重要議題。

資料來源：作者整理。

焦點話題 職業運動產業所提供的就業機會與內容

　　職業運動聯盟與球團因為執行的功能差異而分別設立不同之部門，以中華職棒聯盟的組織架構為例，除了一般負責例行業務單位如人事、總務與會計外，另外還有賽務部門及宣傳推廣部，前者負責紀錄、裁判、場地管理等，後者主要是活動企劃、雜誌、新聞公關等業務。

　　職業運動一方面提供消費者欣賞最頂尖運動選手的運動技術表演，同時，職業運動的整體營運也必須由專業人員參與，職業運動專業管理人才的需求範圍包括門票事務、場館事務、宣傳活動、公共關係、商品業務、廣告贊助等。一般而言，職業運動產業所提供的就業機會與內容大致包括門票事務、行銷企劃、場館營運、授權商品業務、廣告／贊助業務等（黃煜、蔡明政，2005），以下分別說明其主要的工作職掌：

　　1.門票事務：各種門票（預售、團體、個人、季後、公關）銷售之規劃、販售通路規劃（現場、刷卡、網路、零售點、電話）、門票宣傳之規劃（如口袋式賽程表、網路、平面廣告）、門票印刷及報稅等。

2.行銷企劃：球隊宣傳活動規劃與執行、公共關係（社區關係與媒體
　關係）、球迷經營活動（校園巡迴或是球迷會）。

3.場館營運：場地與設備管理、現場球迷服務、場館清潔維護等。

4.授權商品業務：開發授權商品的種類、遴選商品製作廠商、開發販
　售通路、現場販售、庫存清點、結帳與退貨、執行法律保護等。

5.廣告／贊助業務：規劃贊助企劃、執行贊助活動、廣告業務銷售。

　　根據黃煜、蔡明政（2005）所調查整理職棒六球團主要組織架構分
類，大致可分為球團部與事業營運部門，而職業運動所提供的就業市場，
球團部多為球員、防護員及翻譯，而大球團事業營運部門組織，行政人員
編制，少則10位，最多則超過20位。

　　由上述就業機會的工作性質可知，運動產業人才的培育相當重視實
務經驗，因此專業人力資源的培育單位如何透過建教合作或是實習機會
作為專業能力的累積，就顯得更加重要。

資料來源：黃煜、蔡明政（2005）。

第四節　職業運動發展的過程與現況

　　職業運動在各國隨著國情、人民喜好的不同，發展的職業運動項
目也不同，一般而言，最常見的職業運動項目大概是足球、棒球和籃
球，若以美國職業運動發展狀況，美式足球、棒球、籃球、冰上曲棍球
是北美地區發展歷史最悠久市場規模最大的四大職業運動，其中有「超
級盃」加持的美式足球NFL，獲得美國民眾過半的支持，且朝全球化發
展，全世界可收看美式足球超級盃（Super Bowl）的國家超過180個。而
可收看NBA轉播的國家則超過200個。

　　在歐洲國家中，職業足球比賽是民眾最為熱衷與喜愛的，同時也是

運動人口最多的一項運動，歐洲地區最興盛的職業運動為足球，除此之外，歐洲各國亦有不同的職業運動聯盟。例如：義大利、西班牙、希臘等國的職業籃球聯盟以及職業排球聯盟；德國的職業桌球及手球聯盟；法國及英國的職業橄欖球聯盟。此外也有許多個人運動的職業選手與比賽，例如：高爾夫全英公開賽、溫布頓網球公開賽、環法自行車大賽等。顯示各種職業運動都在不同的國家有不錯的發展。

職業運動在台灣的發展歷史並不久遠，台灣職業棒球的成立，可以說是台灣運動團隊企業化管理的初始（陳其懋，2000）。就職業運動發展而言，依序成立的是中華職業棒球聯盟（CPBL）、中華職業籃球聯盟（CBA）、台灣職棒大聯盟（TML）等職業運動組職。民國92年，兩職棒聯盟簽署合併協議書，那魯灣公司同意解散「台灣職業棒球大聯盟」，並應允其所屬四支球隊，精減為兩支球隊，並完成轉讓之手續。兩職棒聯盟合併後更名為「中華職業棒球大聯盟」。另外，撞球、保齡球、高爾夫球等運動也在更早期有職業比賽之舉辦，只不過早期的職業運動受到整體大環境的影響，並未受到大家的關注。一直到了中華職業棒球聯盟成立後，職業運動才帶動一股運動風潮，成為我國職業運動中最重要的運動項目和運動產業。

職業運動在台灣的發展過程中，職業高爾夫運動雖然是最早形成的職業運動項目，然而由於其比賽人數與規模較小，因此往往為人們所忽略。此外，職業高爾夫的發展和職棒及職籃並不相同，職業高爾夫比賽是由選手個人而非球隊組織所組成，選手可以依據自己本身的條件選擇參加世界上任何舉辦職業高爾夫的比賽，因此就產業的角度來看比較無法和職棒或職籃相較，因此有關台灣職業運動產業的發展，以下將分別說明職棒運動、職籃運動與職業高爾夫。

一、職棒運動

在台灣職業運動產業發展的重點在於職業棒球，然而就我國職業運

動發展的歷史過程來看，顯然還有很大的發展和改善的空間，從1990年國內第一個職業棒球聯盟成立到1994年中華職籃聯盟成立，職業運動似乎有很大的發展契機與空間，1996年多家媒體業者也看好職業運動發展的經濟價值，使得中華職棒三年的轉播權利金高達15億元，到了1997年又成立了另一職棒聯盟——台灣大聯盟，兩聯盟競爭的結果，加上職業運動的簽賭陰影以及整體經濟環境變差，造成職業運動發展的衰退。

就職業運動的發展過程而言，1990年我國第一個職業運動聯盟——台灣中華職業棒球聯盟誕生後，往後才被稱之為正式進入職業運動時代。1990年聯盟創立時有兄弟象、味全龍、三商虎、統一獅四支球團；1993年加入時報鷹、俊國熊（後改由興農牛接手經營）兩支球團後，共有六支球團，1997年和信鯨（後更名為中信鯨）加盟成為第七支球團。然而好景不常，1997年隨著台灣大聯盟的開打，球隊數暴增，球賽精采度降低，不久又爆發簽賭案，使我們的職業棒球運動蒙上重重陰影，職棒榮景亦因此衰退。1998年時報鷹宣布解散，1999年三商虎、味全龍先後宣布解散，成為四個球團的型態。2003年國內的兩大職棒運動聯盟，中華職棒聯盟和那魯灣公司，簽署兩聯盟合併協議書，那魯灣公司同意解散「台灣職業棒球大聯盟」，並應允其所屬四支球隊，精減為兩支球隊，兩職棒聯盟合併後更名為「中華職業棒球大聯盟」。近年來中華職棒大聯盟現場觀眾總人次、平均單場人次彙整如**表11-2**。

聯盟目前的架構是由各球團共同組成，各球團對職棒事務的推動有絕對的自主參與權，且保有各自企業體的特色，在比賽上彼此競爭全力爭勝，以呈現給球迷一個「真正的」職業競賽。聯盟的角色，未來將以辦理比賽相關業務為主，站在推廣棒球運動的立場而言，「職業棒球」的蓬勃發展，勢將成為所有業餘球員努力奮鬥的目標，且亦將帶動三級學生棒球的穩定成長。

運動產業概論

表11-2　中華職棒聯盟99年至108年觀眾人數統計表

單位：人次

民國	年度	總觀眾人數	平均單場觀眾人數
99	職棒21年	645,648	2,690
100	職棒22年	719,972	3,000
101	職棒23年	583,805	2,433
102	職棒24年	1,459,072	6,079
103	職棒25年	1,225,142	5,105
104	職棒26年	1,327,639	5,532
105	職棒27年	1,409,312	5,872
106	職棒28年	1,318,275	5,493
107	職棒29年	1,309,879	5,458
108	職棒30年	1,398,243	5,826

二、職籃運動

　　1993年新瑞、裕隆、宏國、幸福等男子籃球隊，共同宣布籌組「中華職籃」，並於當年成立「中華職籃公司」。1994年4月18日舉行熱身賽，參賽隊伍分別是泰瑞、裕隆、宏國、幸福以及宏福，同年11月12日，中華職籃以上述除去宏福之外的四支隊伍，開始一年兩球季共72場的比賽。職業籃球歷經五年的賽季，卻於1999年封館停賽。關於職籃封館原因，輿論界皆有廣泛的建議與診斷，其原因不外有經營管理不善、場館設施不佳、賽事不夠精采、球員人才不濟等，最後則因電視台的轉播金問題，導致財務困難，進而結束經營。

　　而近年來台灣職業籃球再次重新出發，發展出以下兩種新形態：

　　第一，P. LEAGUE+是台灣男子職業籃球聯盟，於2020年9月成立，成為2000年中華職籃解散後，台灣第一個職業籃球聯盟，名稱中的P代表People（台灣籃球的球迷）、Player（努力不懈的球員）、Passion（對籃球的熱情）、Professional（追求20年的職業籃球）以及Plus（球迷的

熱情加上球員的專業），由台北富邦勇士、桃園領航猿、新竹街口攻城獅和福爾摩沙台新夢想家四支球隊組成。P. LEAGUE+的首賽季於2020年12月19日，彰化縣立體育館開打，未來聯盟將採取全新賽制，結合城市周邊的食、衣、住、行，賽事也將集中在週五、六、日三天，希望能夠與地方結合發展運動觀光。

第二，台灣3×3職業籃球聯盟（Taiwan 3×3 Basketball Association，簡稱為T3BA）。於2020年7月20日宣布成立，成立時有桃園E-Son隊、桃園岳陽建設隊、台中市隊、林口Footer隊、新北成功體育隊及台北DLIVE等6隊，聯盟計畫於2021年舉辦選秀、增隊至12隊及正式開賽，預計規劃「每一隊正選球員薪水大約在5～8萬月薪，每一站都有獎金和贊助商，部分球隊甚至可以開放企業認購和加入，而球隊成本、營銷都只有職業籃球規格的十分之一，預期可以讓台灣職籃運動有新的產業發展模式。

未來職業籃球的發展，如同先前發展的困境，存在許多的隱憂，主要是因為職業籃球仍然是以美國NBA的球迷觀眾最多，在電視媒體的轉播下，表現出精美的包裝與宣傳，而其獨特且具創意的行銷手法，更是國際間籃球的典範，因此國內職業籃球的發展，首先必須克服這樣的困境。

三、職業高爾夫

職業高爾夫比賽從1994年開始由中華民國職業高爾夫協會負責主辦，同時籌辦工作也開始委託專業運動經紀顧問公司負責，到了1995年有線電視公司、廣播電台也開始轉播國內職業高爾夫球比賽，此時由於許多企業對於高爾夫運動的全面贊助，許多藉由比賽所衍生出來的運動商品開始多樣化，觀賞的運動人口與廣告贊助也開始蓬勃發展。

運動產業概論

表11-3　我國現有職業及準職業運動聯盟

運動種類	聯賽名稱	成立年	主導組織
棒球	中華職業棒球大聯盟	1990	中華職業棒球大聯盟
撞球	職業撞球大賽	1997	中華民國撞球協會
籃球	超級籃球聯賽（準職業）	2003	中華民國籃球協會
排球	企業排球聯賽（業餘）	2004	中華民國排球協會

資料來源：體育署（2015）。

 # 第五節　職業運動產業發展的趨勢與方向

一、職業運動的必備要件

　　根據體育署的委託研究報告指出，未來國內運動種類評估發展轉入職業化之條件，必須先考量以下幾點職業運動之必備要件（體育署，2015）：

1. 市場規模：包括該項運動評估的現場觀眾人數、收看轉播人數、參與人口是否具備觀賞價值，能否與業餘運動做出市場區隔，以及在一般社會大眾中的人氣與媒體曝光程度。
2. 競技水準：該項運動運動員參與國際賽事成績，以及競技價值是否能得到消費者與社會大眾的共鳴。
3. 組織治理機制：是否具備完善的組織及治理機制，以及領導者與組織是否具有整體的戰略設定與執行能力。
4. 社會貢獻與永續經營：該項運動與職業組織能否對社會產生正面影響，並持續投入社會貢獻活動，組織理念、願景與執行的能力是否能永續經營。

5.場館與媒體傳播條件：是否具備完善的賽事場館與媒體轉播的條件，以及其他的娛樂條件。

以台灣職業運動發展的現況來看，職棒運動參與的人口和經濟的產值為最高，然而在發展的早期卻因黑道介入、球員參與放水及賭博，以及台灣職棒大聯盟之設立，形成兩大職業棒球聯盟惡性競爭，造成球迷大量流失，讓職業棒球運動的發展陷入困境。而職業籃球發展則是遇到不同的困境，中華職業籃球聯盟（CBA）成立之初，同樣受到國內球迷熱情支持，帶動了國內籃球運動的風氣，然而卻因為經營問題，各隊無法負擔長期虧損，最後以封館、停止營運收場，讓台灣職業運動產業跌入谷底。

二、職業運動發展的建議

一個職業運動組織或球團經營狀況的好壞，往往取決於球隊的比賽成績和球員的表現，而球團經營的成績又決定了企業贊助與廣告的金額，以及球員簽約金和年薪收入的高低，相對於其他運動產業，職業運動必須具備高競技水準，此外因為擁有廣大的球迷與觀眾，因此球團和球員也必須接受較高的道德約束與標準。然而，展望未來，人們對健康、運動和休閒的重視，若能改善職業運動經營的策略和行銷包裝，相信各項職業運動產業在未來會有更好的發展。以下提供幾項職業運動發展的建議：

(一)建立職業運動管理制度

包括職棒選手契約、職棒選手生活管理、自由球員制度、職棒仲裁制度等等。透過管理制度的制定，不但可避免賭博、放水事件發生，更可以保障球員和職業運動的品質，讓職業運動產業發展更健全。

(二)建立運動經紀人制度

　　台灣目前職業棒球選手和美日相較所得普遍偏低，加上整個職棒大環境低迷，職棒周邊利益不佳，因此少有選手僱用經紀人代為簽定合約。美國職棒選手所聘請的經紀人大都是學有專精的專業人士，不僅熟悉各項聯盟規章法條，為委託的球員訂定合約，並根據球員的特殊狀況，設定各種有利的條款為球員爭取最佳待遇。

(三)增建專業運動場館設施

　　國內運動場地設施不足，應積極擴充運動場館設施與品質；另外，場地設施為職棒運動成立的必要條件，由此可見場地設施在職棒運動推展過程中的重要性。過去職業運動團體自有運動場館缺乏，過於仰賴政府興建的公立運動場館，影響我國業餘與職業運動的推展，因此未來職業運動產業要發展，首先就必須先興建專業的球場。

(四)結合運動媒體產業

　　透過媒體塑造職棒明星球員，並重視球迷的經營與互動，因為傳播媒體是球迷與觀眾取得職業運動訊息的最佳管道，因此必須透過行銷與包裝來開展職業運動產業。

(五)尋求社會資源與企業贊助

　　透過社會資源的挹注，提升職業運動產業的商業利潤與價值，可以讓職業運動與企業達到雙贏的局面。

　　毫無疑問地，職業棒球是棒球運動發展結構的最高殿堂，台灣職棒運動也是職業運動產業中最重要的一環，然而職棒成立至今在營運上遇到許多困難，目前的職業棒球也面臨著忽略長期發展利益、年輕球員

人才不足、球迷流失等危機。因此職業運動除了要求球員的運動技能之外，其他各種人員的服務及工作表現與場館硬體設備都必須要達到職業化的水準，如果依然用業餘的標準或是心態，其發展勢必會受到限制，唯有提升軟硬體的服務水準才可以爭取更多球迷的青睞，進而擴大職業運動產業。

結　語

　　職業運動產業的形成與發展，是高度開發社會與經濟繁榮國家必然的現象與產物，在歐美以及日本等經濟高度發展的國家，職業運動產業是一個具有龐大產值的經濟市場，其對國家經濟的發展與提升，提供相當程度與比例的利益與貢獻。此外，職業運動的發展也是業餘運動發展的極致，在國際運動賽會中，除了每四年一度舉辦的奧林匹克運動會外，職業運動賽事應是運動賽會與運動產業中最重要的部分。

　　根據國外職業運動發展的經驗顯示，職業運動可說是整個運動產業的龍頭，主要的原因是職業運動可以帶動許多周邊產業的發展，例如：運動場館、運動授權商品、媒體轉播權利金、專業服務（如場館經營、財務／法律／保險服務、行銷諮詢、運動經紀）、球賽觀賞消費、球賽廣告等（黃煜，2003）。因此，職業運動的發展並不只是生產球賽而已，其中亦包括各種運動用品、商品以及媒體現場轉播等，而最直接的效益便是提升國內競技運動的水平，同時也提供社會大眾一個觀賞運動或休閒遊憩的機會與場所，此外，更帶動運動傳播媒體產業和周邊商品的興盛，對運動產業和生活素質的提升都有正面的作用。由此我們可以得知，職業運動是運動產業的火車頭，我國運動產業的產官學界更應當同心協力，積極促成職業運動在台灣的發展。

問題與討論

一、什麼是職業運動？職業運動和業餘運動有哪些不同，請說明之。

二、國內職業運動發展有哪些項目？請概略描述不同的職業運動項目發展的情況。

三、職業運動主要的收入來源有哪些？以職棒運動為例，何種收入來源最為重要，為什麼？

四、你認為台灣未來職業運動發展的趨勢與方向為何？

參 考 文 獻

王宗吉（1992）。《體育運動社會學》。台北：銀禾。

高興桂（2000）。《我國職棒球團企業經營困境因素與解決策略之研究》。國立台灣師範大學運動與休閒管理研究所碩士論文。

連文榮（2020）。《推估試算我國106及107年度運動產業產值及就業人數等研究案》。台北：教育部。

陳其懋（2000）。《台灣職業棒球球員工作生活品質之研究》。中正大學勞工研究所碩士論文。

陳美燕、黃煜、吳國譽（2019）。〈企業資源與體育運動——企業推手、雙贏藍海〉。《國民體育專刊》，166-189。

黃振家（2004）。〈東瀛球場行銷術：看日本如何讓棒球與足球成為運動金太郎〉。《活動平台》，4，55-63。

黃煜（2003）。〈美國職業運動產業發展趨勢概況〉。《國民體育季刊》，31(4)，38-44。

黃煜、林房儹（2001）。〈我國職業運動聯盟營運架構與策略之探討〉。《國立台灣體育學院學報》，8，29-51。

黃煜、蔡明政（2005）。〈職業運動事業組織營運管理人力需求與培育〉。
《國民體育季刊》，145，44-51。

葉公鼎（2000）。〈從經濟發展觀點談職業運動〉。《國民體育季刊》，
19(4)，22-27。

體育署（2015）。「運動職業化發展計畫」期末報告。教育部體育署。

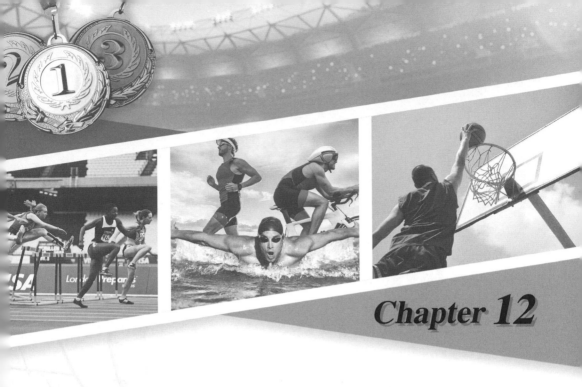

運動經紀服務業

Chapter 12

閱讀完本章，你應該能：

· 瞭解運動經紀服務業的定義與分類

· 知道運動經紀活動的工作內容與範圍

· 知道國內運動經紀服務業的發展過程與現況

· 知道運動經紀服務業未來發展的趨勢與方向

前　言

　　在人類的經濟發展過程中，只要有經濟行為或商業活動，不分時間與地區，就會有經紀人或經紀公司的產生，經紀人或經紀公司主要的目的便是透過專業的服務來獲得利潤。近年來運動產業持續以驚人的速度在成長，而產業在發展過程中，無論是產品或服務都必須透過專業的行銷與服務來傳達給消費者，也因此提供了運動經紀服務業發展的契機，因此當運動產業形成一個高度競爭的產業時，運動經紀服務業自然就會隨著運動產業的發展而形成。

　　運動經紀產業的興起，主要是受到運動的興盛與贊助風氣的盛行的影響，運動員需要運動經紀人與球團進行薪資談判、財務規劃及稅務保險等工作，企業在選擇運動團體作為贊助對象或尋求運動員代言時也需要運動經紀公司的協助，事實上，運動經紀公司所提供的服務除了上述的事項外，也包括客戶業務代理、規劃客戶之行銷活動、尋求贊助、賽會規劃及管理、籌辦促銷專案、體育運動學術研討會等等。此外，在國民所得提高後，國人對於休閒運動與融入健康概念的多樣化生活需求增加，所以對於運動產業的產品及服務也日漸增加。雖然我國目前並無運動經紀人制度，但是棒球、籃球、高爾夫、網球等運動賽會在經過運動組織及企業界人士大力推動下，逐漸形成運動風潮，隨著運動產業職業化與多元化發展，未來必然會帶動運動經紀公司和運動經紀人的產生。因此本章將探討運動經紀服務業的定義與範疇、運動經紀活動的工作內容與範圍、國內運動經紀服務業的發展過程與現況，然後再分析運動經紀服務業未來發展的趨勢與方向。

第一節 運動經紀服務業的定義與範疇

　　運動經紀服務業的發展是運動與經濟發展過程中的必然產物，運動經紀服務業的出現，可以活化國內的運動產業市場，對於運動產業的發展有正面積極的作用，以下分別說明運動經紀服務業的定義與所包含的範圍。

一、運動經紀服務業的定義

　　運動經紀服務業或稱運動行銷顧問業，也稱之為運動經紀顧問業，在台灣運動產業的發展過程中是比較新興的產業，這類企業所提供的服務並不是直接給一般大眾，而是運動員、運動組織、贊助者以及大眾傳播媒體，因此其扮演的角色是讓運動員、贊助者、運動組織和大眾傳播媒體藉由運動來獲得滿足，其主要的價值活動包括：取得委託授權、安排比賽活動、行銷比賽活動、安排大眾傳播等（高俊雄，1997）。蔡芬卿（2006）認為，運動經紀制度係扮演運動員與運動組織間溝通橋樑的中介角色，代理仲介職務，讓運動員得以專心投入訓練與比賽，其他屬於利益談判之商業行為，則交由專業人員，開始有了不同專業分工。

　　因此在運動事業的業務範圍中，運動經紀服務業可以幫助運動員尋找贊助者、公司、製造商，讓運動員本身的價值可以有形產品或無形勞務的形式產出，讓消費者、運動迷藉由這樣的管道於運動產業中消費，活絡整個運動事業的發展。

　　根據上述對運動經紀人或運動經紀公司的定義可以得知，運動經紀服務業的概念包含以下三個層次：

1.運動經紀服務業的目的是在和運動相關的經濟活動中,來獲得利潤。

2.運動經紀服務業主要的業務是爲運動員、企業組織和運動賽會進行服務活動。

3.運動經紀服務業活動的形式包括了規劃、代理、協調等等。

由圖12-1中更可以發現運動經紀服務業在創造價值的過程中也和政府、運動組織、大眾傳播媒體、贊助企業和社會大眾都有密切的關聯性。

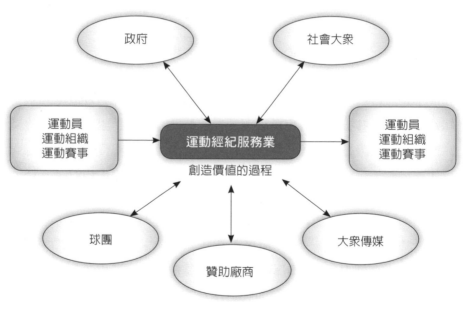

圖12-1 運動經紀服務業在運動產業的定位圖

資料來源:蔡芬卿、包怡芬(2002)。

二、運動經紀服務業的分類

運動經紀服務業是一項新興的產業,因此在產業的分類上並無一致的分類方式,蔡芬卿(2001)將運動經紀服務業依服務的對象分為三類:

1. 運動員的經紀:以合約談判、財務管理、尋找贊助廠商與東家、爭取廣告代言人、開發個人商品及生涯規劃為主。
2. 運動組織顧問:為固定的合約對象,以處理運動組織的法律、保險、形象規劃以及行銷經營為主。
3. 運動賽會的經營:以承辦運動賽會的各項內容,包括行銷贊助、賽事規劃、軟硬體設施規劃以及媒體報導與轉播等。

除了上述的分類外,國外常見的運動經紀服務則是運動經紀人制度,在台灣則無運動經紀人制度,而是提供相關服務的運動經紀公司或是行銷公司。所謂「運動經紀人」是指在取得合法資格後,以收取佣金為目的,在促成相關體育組織和個人在體育運動過程中實現其商業目的而從事的仲介或代理活動的自然人、法人、公司或組織。而運動經紀人的功能在於當運動員專心於運動訓練和比賽時,需要有專業能力的人來輔助其處理繁瑣的合約談判或職業生涯規劃,以扮演運動員、政府、協會、俱樂部、贊助商及廣告商間的中介角色(高俊雄,2002)。因此凡從事有關運動員行銷、廣告、公關及投資等作業方法之研究及顧問等工作之人員皆屬之,其工作內容包括有:

1. 從事運動員之推銷、規劃、顧問等商業行銷活動。
2. 從事與運動員權利與義務相關的法律諮詢工作。
3. 協助運動員擔任其財務管理與規劃之研究及顧問。
4. 從事運動員對外商業談判與溝通等公共關係之工作。

運動產業概論

5.協助運動員進行未來生涯規劃。

因此運動經紀人主要功能分別有：運動員全方位的服務、為運動員爭取最大的利益與做最適合的決定、代表運動員接洽廣告主或協商、合約與相關法律問題諮詢、財務管理規劃與生涯規劃等六項（陳美燕，2005）。

在美國，運動經紀人的類別主要可分為下列兩項（陳美燕，2005）：

1.運動經紀公司：提供服務的事項有合約談判、財政管理、市場行銷、代理世界各國的運動組織、承辦或開發各種運動賽事。
2.個體運動經紀人：提供運動員代理、個別兼做小型運動賽會的開發和推廣。

基本上，美國的每一個州政府對於運動經紀人定義並不完全相同，例如，加州政府認為：「運動經紀人為獨立的合約簽訂者，以獲取佣金為目的，與運動員或運動組織簽訂委託合約，為其尋找職業運動或比賽機會，以及提供其他的商業機會。」肯塔基州政府則認為，運動經紀人係指親自或透過他人招募學生運動員與之形成契約關係人。一般而言，國際對運動經紀人的共同定義為：「在取得合法資格後，以收取佣金為目的，為促成相關體育組織和個人在體育運動過程中實現其商業目的而從事的仲介或代理活動的自然人、法人、公司或組織。」（Gordon, 2002）。

運動經紀制度在國外行之有年，國際間幾個運動賽事興盛的國家（如美國、英國、日本、中國等）或國際運動聯盟（如國際職業足球總會、國家美式足球聯盟、美國職業棒球聯盟、美國職業籃球聯盟、國家冰上曲棍球聯盟等），都有培訓及管理機制完善的運動經紀人制度。在美國有世界最大的運動經紀公司IMG，許多世界級的運動明星，如高爾夫球選手老虎伍茲、網球名將山普拉斯、威廉絲姊妹都是IMG旗下的選

手。從相關的文獻我們可以知道，運動經紀服務業對於推動整體運動產業發展有著重要的作用，另一方面也是職業運動產業發展和壯大的直接原因，運動經紀服務業提供專業化的服務，尤其在拓展市場能力方面，帶動運動無形資產的開發，創造出無限的商機。

運動經紀人的角色與工作

Steinberg（1991）曾提出美國運動經紀人扮演的典型角色類型：

一、協商（negotiating）

經紀人往往是扮演代言人的角色，基於專業知識為運動員提出交易條件，進行簽約之前的商議、簽約過程細部的溝通、內容約定等。

二、管理（managing）

許多球員缺乏自我約束與財務管理的常識能力，因此經紀人有時候也會扮演投資顧問的角色，或是委由經紀顧問公司內的財務專責單位處理。

三、行銷（marketing）

在運動商品化普及的市場中，知名運動員的收入除了薪資或出場費、獎金之外，廣告收入也是相當可觀的，包括球員的肖像權、出場費等，這些額外的收入都是透過經紀人或經紀公司去營造機會、安排。

四、解決議論糾紛（resolving dispute）

當運動員在簽約時忽略了某些細節，或與當地法律牴觸，造成必須面對訴訟的情形，此時經紀人或經紀公司必須代為尋找可靠的律師或調解人來解決紛爭。

五、規劃（planning）

　　運動員生涯和其他職業相比是十分短暫的，特別是因為受傷或其他不可抗力的因素，運動員往往會在一夕之間面臨提前退休的窘境，因此經紀人必須時時為運動員規劃與設想未來一、兩年立刻可行的生涯選擇，轉任運動教練、訓練員或播報員是常見的例子。

資料來源：Steinberg (1991).

第二節　運動經紀活動的工作內容與範圍

　　運動經紀事業的經紀活動，主要包括經紀運動賽事與運動員的代理。運動賽事主要包括運動賽事和運動表演的籌備、組織，以及相關的電視轉播談判代理、廣告代理洽談、特許使用權的開發；針對運動員的代理，綜理業務大致包括運動員的合約，爭取合理較佳的薪資、簽約金及其他獎金等；因此運動經紀活動的工作內容與範圍可以從**表12-1**和**表12-2**中得到充分的瞭解。

表12-1　運動員經紀業務表

項目	內容
賽事安排	1.管理運動員的賽事以及工作日程，安排有利參賽機會。 2.參與國外賽事時，旅程的安排及翻譯事務。 3.負責球員與球隊之間個人升遷等事項的重要交涉。 4.轉隊或轉會評估談判。
財務管理	1.財務收支管理。 2.稅務管理。
附加價值	1.公共關係。 2.形象塑造。 3.爭取代言商品等其他機會。 4.廣告收益之爭取。

（續）表12-1 運動員經紀業務表

項目	內容
附加價值	5.安排與國內外新聞媒體互動及宣傳的機會。 6.社會活動與公益宣傳機會之爭取。
生涯規劃	1.協助創業或轉業。 2.協助個人財務投資諮詢計畫。 3.其他法律與經濟問題之協助並提供諮詢。

資料來源：蔡芬卿、包怡芬（2002）。

表12-2 運動經紀服務業範疇與主要價值活動

範疇	運動員經紀		運動組織顧問	運動賽會經營
主要價值活動	行銷與職業規劃	1.職業化前準備。 2.尋找贊助。 3.廣告代言。 4.開發個人商品。 5.醫療安排。 6.生涯規劃與管理。	1.專利權事宜。 2.形象規劃。 3.行銷經營。 4.爭取贊助。 5.運動保險。 6.運動旅遊。	1.行銷宣傳。 2.賽事規劃。 3.軟硬體安排。 4.聯繫大眾媒體。 5.廣告推銷。 6.爭取贊助。 7.公共關係。
	法律	1.合約談判。 2.簽約。 3.法律問題。 4.糾紛解決。		
	財務保險	1.財務管理。 2.稅務問題。 3.保險諮詢。		

資料來源：蔡芬卿、包怡芬（2002）。

　　從上述運動員經紀業務表和運動經紀服務業範疇與主要價值活動中可以發現，運動經紀人與運動經紀公司的工作內容與範圍可以歸納為以下幾項：

1.運動經紀人必須為運動員提供全方位的服務，包括了協助運動員爭取最大利益，代表運動員接洽或協商，透過經紀人與球團協調薪資、合約甚至轉隊等事宜，提供合約諮詢，以及作出合理的財稅管理規劃以及生涯規劃。

2.運動經紀公司服務的對象可能包含了運動員的經紀、運動組織顧問和運動賽會經營等，處理運動組織的法律、保險、形象規劃與行銷經營，以及承辦運動賽會的各項內容，包括行銷贊助、賽事規劃、軟硬體設施規劃以及媒體報導與轉播。

運動經紀公司承辦運動賽會的步驟

一、取得比賽代理權

首先要與舉辦比賽的有關體育組織及地方組委會協商，進行實質性內容的談判；然後簽訂合約，明確電視轉播協議、現場廣告及特殊標誌的登記與保護。

二、賽前策劃

召開策劃研討會及工作會議，招募贊助商；召開記者會進行宣傳，發布各項標準的圖解指南，進行產品促銷；發布日常新聞和公告；負責比賽場地的設計、檢測和驗收；電視轉播的銷售與分布，以及賽前形勢分析預測等。

三、賽時實施

保證一切按計畫實施，解決現場問題，鑑定有關人員資格及合理安排門票，做好接待工作，負責電視節目的製作，包括現場編輯、直播比賽時況、監督標誌產品使用權的情況等。

四、賽後處理

做好賽事評估，賽後將有關文件和錄影帶歸檔，組織電視電影和圖片展覽等。

資料來源：作者整理。

第三節　運動經紀服務業發展過程與現況

一、運動經紀服務業發展歷史

　　運動經紀活動是在競技運動發展過程中產生的。根據一些運動史學者們考證，古羅馬奧古斯丁時期，運動員到各運動俱樂部進行訓練比賽，過程中出現了仲介行為，被視為運動經紀活動的萌芽（趙立、楊鐵黎，2001）。現代意義上的運動經紀源於西方，隨著運動職業化和商業化過程的加速，許多的體育運動組織，如職業聯盟、職業俱樂部紛紛出現，此外，許多國際運動賽會的承辦也促使運動經紀公司的出現。國際上，運動經紀人最初是隨著職業運動的發展而出現的。1926年產生了美國歷史上的第一位運動經紀人查爾斯·派利，他為當時的棒球運動員格蘭吉談成了一項價值10萬美元的經紀合約。尤其到了1960年代以後，傳播媒體廣泛的介入運動，運動的商業價值迅速提升，運動市場的經營內容和行銷手段不斷更新，在這樣更新的過程中，運動經紀便發揮了重要作用。例如：透過ISL（International Sports Leisure）的代理，才能使奧運的TOP計畫如此成功；IMG對大型賽會商業化運作的整套經驗，以及在眾多運動經紀人的運籌下，方能創造出上億資產的運動明星。

　　運動經紀公司在台灣最早發展的應是1991年成立的香港商斯柏特國際經紀有限公司台灣分公司（Sports International, Entertainment Plus Ltd, Taiwan Branch），斯柏特總公司於1986年創辦於香港，是一個以亞洲市場為主的運動經紀公司，自創立以來，已辦過高爾夫、網球、瓊斯杯、世界女排大獎賽及馬爹利名人高爾夫逐洞賽等。不過在台灣的分公司多以運動賽會經紀為主，其中又以高爾夫的賽會為主。其經營模式為賽會主辦單位支付賽會之主辦費用，以委託處理賽會相關花費，如球員出

場費、獎金、球場布置等。另外，斯柏特可以自由尋找其他企業作次要的贊助，贊助費悉數歸斯柏特所有，至於媒體轉播金亦可歸該公司所有（林國榮，2002）。

　　在斯柏特成立不久後，全球最大的IMG（International Management Group）國際管理集團，也在台灣成立分公司，正式加入本地市場。IMG為目前全球最大的運動經紀公司，全世界員工超過3,000人，經營範圍已廣及運動員、運動賽會、表演藝術、作者、模特兒、賽車、文藝團體等。IMG在台承接之賽事亦以高爾夫為主，例如著名之約翰走路高爾夫大賽、中華民國高爾夫公開賽等，其籌辦的賽會大多以國際性的運動比賽為主，然而由於台灣職業運動與產業市場的規模較小，上述兩家運動經紀公司的業務大多以賽會經營為主，球員經紀較少，因此運動經紀服務業的發展並不理想。

　　從上述台灣運動經紀服務業的發展歷史來看，可以發現國內運動經紀服務業的發展相當不穩定，產業的變化也較大，許多經紀公司亦經常營運幾年後就面臨結束營業的命運。

二、運動經紀服務業發展現況

　　國內運動經紀服務業的發展可以說是起源於各項運動賽會的舉辦和職業運動，因此國內的運動經紀服務業大多是以籌辦運動賽會的運動行銷公司或運動管理顧問公司。近年來由於國內職業運動產業逐漸由谷底回升，各項運動聯賽的開打，及國內外大型運動賽會的舉辦，使得企業界開始重視運動行銷的力量。在本土業者部分，比較具知名度者例如專門承接各大高科技活動並簽下世界知名超級馬拉松選手林義傑的悍創運動行銷公司，以及舉辦各種校園三對三籃球賽，並取得威廉瓊斯盃國際籃球邀請賽行銷廣告權的名衍行銷公司。

　　我國運動行銷公司的發展，通常扮演著運動、產業及社會大眾間的一座橋樑，透過行銷與活動的規劃辦理，在運動與產業間扮演著一個重

要媒介與擴大器的角色，近年來國內之運動行銷公司的類型大致可以分為經營綜合性運動行銷相關活動之綜合型運動行銷公司、進行專門運動項目行銷的公司及其他原擅長公關廣告而跨運動行銷範疇之公司。根據體育署委託財團法人中華經濟研究院所做的研究案資料顯示，107年運動管理顧問業總收入為231.8億元，廠商家數為138家，就業人數為9,454人，然而統計資料也顯示，歷年運動管理顧問業總收入走勢，波動幅度較大，代表運動管理顧問業的收入較為不穩定，而因為運動管理顧問業就業進入門檻較低，許多相關系所如企管系、行銷系等競爭，加上薪資水準低，因此造成就業人數流動率較高（連文榮，2020）。

　　就整體運動經紀市場而言，基本上國內的運動經紀服務業目前尚處於未開發進入開發初期的階段，雖然有較大的發展空間，但受制於台灣的市場狹小、發展機會有限，目前國內的運動經紀服務業大多以承辦運動賽會為主要業務，其他的經紀業務則較少，主要的原因是大型的運動賽會有較多的商業利潤和媒體知名度，然而由於運動產業的國際化與職業運動的推展，使得運動產業必然需要更多的專業人才積極開發運動經紀服務市場，同時運動經紀制度也是運動產業發展國際化與專業化的必然現象，值得產官學界共同正視的議題。

第四節　運動經紀服務業發展的趨勢與方向

　　早期台灣的運動經紀服務大多是外商公司在台灣成立分公司，例如Sport International（SI）、International Management Group（IMG）、Fame Top International Management，主要的業務為籌備國際性運動比賽。在上述的幾家運動經紀公司，可以從其發展的歷史來瞭解運動經紀服務業的特性，以IMG公司為例，IMG成立於1960年，為全球最大的運動經紀公司，主要的業務包含娛樂、藝文、運動場地規劃顧問、運動表演、活動舉辦、人員經紀，國際體壇許多知名的運動明星，如網壇名將

山普拉斯、阿格西；高球名將老虎伍茲；NBA的卡特等都是IMG的客戶，台灣分公司則是成立於1996年，同時因為看好台灣運動市場的發展性而大幅投資（蔡芬卿，2001）。從過去發展的歷史來看，運動經紀服務業在國內的發展，可以說並不理想，所以家數成長有限。

　　台灣目前各個運動項目尚無運動經紀人制度加以認證或規範，團隊運動的球隊或球員，大多數的權力隸屬於擁有球團的企業，有些個人項目的運動員，如網球、高爾夫、撞球等，大多皆由家人或教練出面代表接洽或解決，或者是尋求經紀公司的協助，由公司替其安排相關事宜，但由某位運動經紀人全權負責某位運動員所有相關事務的情況在國內則發展得較少，然而參考世界許多先進國家運動產業發展的經驗，雖然台灣的運動市場不及其他國家的範圍廣大，但對運動經紀在運動產業中所發揮之影響力，顯示運動經紀產業是國內值得重視的發展議題。因為運動經紀產業的蓬勃發展，可以為運動員和運動組織塑造更大的利潤和權益，同時也是活絡運動產業的重要關鍵，目前國內運動經紀產業發展，仍在成長的階段，相關配套措施和專業人力資源培育仍顯不足，而展望未來的發展趨勢，以下幾點是值得產官學界重視的議題：

一、職業運動市場

　　台灣職業運動的發展雖然幾經波折，然而未來將走向發展高度商業化的職業運動市場，因此運動經紀服務業有機會應運而生。

二、國際化市場

　　運動產業整體的發展方向將走向國際化，因此運動經紀服務業也必須與國際接軌，整體而言，大陸市場有較大的發展潛力，因此運動經紀制度與國際接軌可從大陸市場著手，未來若無法走向國際化，勢必會受

到跨國企業的影響。

三、市場規模

　　就單純以運動員經紀人的角度觀之，台灣的市場還不夠大且也不成熟，因此運動經紀人的工作也包含球團或球隊經紀、賽會經紀、企業運動贊助經紀、運動活動承辦等等，此外，產業界宜發展適合本土需求的運動經紀公司，發掘更多運動明星，也讓賽會經營更加活化與創新。

四、法令規章

　　目前國內並無相關法令來規範運動經紀相關產業，因此未來政府應制定完善的運動經紀管理辦法，並發展專業證照制度，使運動經紀產業法制化，以建立公平市場競爭的機制及保障運動員與運動經紀人之權益。

五、專業人力資源

　　因應未來的就業市場，各相關科系需積極進行人才培訓之發展策略與課程規劃，開設專業訓練課程或學程，並定期辦理研討會，加強產學合作，使得人力資源能具備專業知識與能力，以滿足未來市場實際需求，透過建立全國性的運動經紀人才培訓架構，並同時建構專業證照制度，才能使運動經紀服務業健全的發展。

結　語

　　儘管運動經紀產業產值在整體運動產業中所占的比重不高，然而它

在推動運動產業發展的過程中，卻扮演著關鍵的角色，一方面運動經紀業是職業運動產業發展和壯大的直接原因，另一方面運動經紀公司和運動經紀人專業行銷和拓展市場的能力，也帶動運動贊助和其他運動無形資產的開發，使得運動媒體、廣告、運動用品需求的增加，隨著運動產業職業化與多元化發展，帶動了運動經紀人的產生。國內目前各項運動尚未針對運動經紀人制度加以認證或規劃，團隊性運動的球員如棒球，大多數的權利隸屬於擁有球團的企業，其他自由身分的運動員，大多數是由非經紀人專業背景的家人或教練出面代表，僅有少數運動員有經紀公司協助（陳美燕，2005）。因此為了維護運動員的最大利益，運動經紀人制度的規劃與推廣是有其必要性。

美國運動經紀人制度經數十年發展，已形成自身的特色和優勢，對運動經紀人行為的規範和監督已起積極作用，許多方面值得台灣地區在建立完善運動經紀人制度的過程中借鏡和學習。例如在運動經紀人註冊管理上，對經紀人素質和人品的注重；要求經紀人透過參加會考進行自身的繼續教育；設立職業諮詢小組和仲裁機構，並對違反管理條例者制訂配套的民事和刑事處罰規定等，這些都是未來台灣規劃運動經紀人制度時必須考量的。

目前我國對於運動經紀並無任何的規範，但是事實上許多公司以不同的名義從事運動經紀的業務，例如廣告公司、顧問管理公司、諮詢企劃公司，甚至是文化傳播公司，顯示國內運動經紀制度的發展仍未成熟。現今我國運動的發展，由於國內職業運動的環境不健全，以及運動經紀人的角色功能定位不明的情況下，使得許多優秀的職業運動選手紛紛往美日職棒發展，然而就國際運動經紀人專業發展的趨勢與國內運動經紀市場的需求而言，我國運動經紀專業之未來前景仍然是極具發展潛力。當然，如何因應產業發展與變遷的趨勢，及早作出規劃策略及專業人力資源的培育，更是一項刻不容緩的議題。

 問題與討論

一、運動經紀服務業的興起，主要是受到運動興盛的影響，請說明運
　　動經紀服務業的定義以及運動經紀服務業在運動產業中的定位。

二、請說明在運動經紀服務中常見的價值活動與工作內容。

三、請說明國內運動經紀服務業的發展過程與發展的現況為何？

四、隨著社會變遷與運動的發展，你認為運動經紀服務業發展的潛力
　　如何？而未來發展的趨勢與方向是什麼？

林國榮（2002）。《加入WTO對我國運動產業影響評估及因應對策之研究》。
　　台北：行政院體委會。

高俊雄（1997）。〈台灣地區運動服務業之發展概況〉。《國民體育季刊》，
　　26(3)，135-143。

高俊雄（2002）。〈台灣運動服務業之剖析與回顧〉。《台灣體育運動管理學
　　報》，1，7-11。

連文榮（2020）。《推估試算我國106及107年度運動產業產值及就業人數等研
　　究案》。台北：教育部。

陳美燕（2005）。〈國際運動經紀人專業發展概況分析〉。《國民體育季
　　刊》，145，83-89。

趙立、楊鐵黎編（2001）。《中國體育產業導論》。北京：北京體育大學。

劉述懿（2001）。《運動經紀制度探討》。台北市立體育學院碩士論文。

蔡芬卿（2001）。〈我國運動經紀服務業的發展研究〉。《大專體育》，53，
　　136-141。

蔡芬卿（2006）。〈國內建立運動經紀專業制度探討〉。《大專體育》，83，120-126。

蔡芬卿、包怡芬（2002）。〈我國運動經紀業專業能力需求初探〉。《大專體育》，59，151-157。

Gordon, B. (2002). Agent game requires a federal approach. *NCAA News, 39*(14), 4-5.

Steinberg, L. (1991). The role of sports agents. In P. D. Staudohar and J. A. Mangan (Eds.). *The Business of Professional Sports* (pp. 247-262). Urbana and Chicago: University of Illinois Press.

Chapter 13

運動觀光產業

閱讀完本章,你應該能:

- 瞭解運動觀光的定義與基本型態
- 知道運動觀光管理與行銷的模式
- 知道發展運動觀光的正負面效應與衝擊
- 明白國內運動觀光目前發展的現況
- 知道運動觀光產業未來發展的趨勢

前 言

　　隨著經濟的成長、生活水平的提升、閒暇時間和健康需求的增加，人們的休閒生活型態逐漸多元化，因此無論觀賞性或參與性的休閒與運動行為大幅增加，而觀賞運動競賽、爬山、慢跑、高爾夫、泛舟等休閒運動的參與，也使得運動觀光產業的發展日益蓬勃，在過去觀光旅遊產業的發展，可以為國家或地區帶來龐大的經濟效益，同時帶動地方產業發展與就業機會的增加，但是觀光旅遊業的商品與服務日益成熟與飽和之際，將運動與觀光做結合，不但可以為人們帶來不同的體驗，同時也可以為觀光旅遊業注入新生命，例如：南韓在舉辦世界盃足球賽的同時，亦大力推銷該國著名景點以及文化特色，藉此來吸引觀光客，除了觀賞運動賽會外，亦可前往韓國各地從事旅遊活動，提振了韓國的觀光旅遊。此外，也有以氣候和地區特色運動為吸引力，吸引他國觀光客前往從事休閒運動，例如：北歐或是中國大陸東北的滑雪、滑冰活動。還有些國家以島嶼特定休閒活動為觀光旅遊的吸引力，例如：夏威夷的衝浪、帛琉的潛水等等，這都是以休閒運動為吸引力的旅遊點。在國內也有許多運動結合觀光旅遊的例子，例如：花蓮秀姑巒溪的泛舟、台東鹿野高台的飛行傘等等，由上述例子可以得知，如何將運動結合賽會、節慶和旅遊與觀光，是現今休閒運動產業重要的課題之一，在交通部觀光局宣示發展台灣觀光的同時，舉凡重大節慶及賽會活動中，包括：萬人泳渡日月潭、國際自由車環台賽、台北國際馬拉松等多項國際運動賽會，都可以看見台灣的運動觀光未來的發展潛力。

　　此外，企業界也有透過運動的娛樂來吸引觀光客的例子，迪士尼公司在迪士尼樂園中規劃了一座200英畝的迪士尼全球運動中心（Disney's Wide World of Sport Complex），以提供遊客在其中進行游泳、划船、滑雪艇、釣魚、騎馬、步行、自行車、網球、高爾夫等運動。該公司更仿奧運型態，建造國際運動綜合場館，其中包含可容納7,500名觀眾的職棒

大聯盟春訓室內練習場、5,000人座位的籃排球場、12面網球場、4座棒球場、4座壘球場、田徑設施以及假期體適能中心（程紹同，2001）。國內許多大型的購物廣場也提供了許多運動的體驗區，顯示運動迷人的吸引力。

　　觀光結合運動參與體驗的特性，已逐漸成為國際觀光產業的主流產業。根據體育署委託財團法人中華經濟研究院所做的研究案資料顯示，107年運動旅行及相關代訂服務業生產總額為8.4億元，廠商家數為46家，就業人數為528人，其中台灣運動觀光資源類型以陸域活動類資源、山岳類及大型運動場館等資源較為豐富，觀光資源可提供適合的活動以水域、陸域及健身運動較多。不過因為運動旅遊市場的整體需求量相較於其他旅遊行程明顯的少，因此許多業者往往不敢貿然推出運動旅遊套裝行程（連文榮，2020）。展望未來，如何將運動的元素注入觀光產業中，是我們必須思考的重點，因此本章的重點將介紹運動觀光產業的定義與範圍、發展運動觀光的正負面衝擊效應，以及國內運動觀光發展的現況與推展運動觀光的具體做法。

第一節　運動觀光產業的定義與發展

　　運動觀光興起的關鍵是在1984年洛杉磯奧運會，奧會運用行銷策略，吸引大量觀光客觀賞奧運比賽，運動結合觀光旅遊就開始吸引人們的注意，尤其是熱門的國際運動賽會更能帶動觀賞熱潮，例如：2000年雪梨奧運，便吸引了全球約450萬遊客造訪澳洲；2002年世界盃足球賽，也為日本帶來40萬外國觀光客及120萬本國觀光客（范智明，2003）。在台灣根據交通部觀光局的統計，以健身運動為主要目的而從事旅遊之人次，占整體旅遊人次的百分比也逐年增加，在運動旅遊的主要項目包括游泳、潛水、衝浪、水上摩托車、泛舟、釣魚、球類運動、飛行傘等。顯示運動觀光是一個具有發展潛力的運動產業，以下介紹何

謂運動觀光以及運動觀光的基本型態。

一、運動觀光的定義與分類

要瞭解運動觀光的定義，首先必須瞭解什麼是觀光和觀光產業？世界觀光組織（World Tourism Organization, WTO）對觀光的定義是：離開日常生活居住地，前往其他地方從事休閒、商業、社交或其他目的相關活動的總稱。根據我國現行「發展觀光條例」第2條所下的定義，所謂觀光產業，「係指有關觀光資源之開發、建設與維護，觀光設施之興建、改善，為觀光旅客旅遊、食宿提供服務與便利及提供舉辦各類型國際會議、展覽相關之旅遊服務產業」。

在國內的定義中，交通部觀光局將觀光定義為一種現象，也就是人民在其本國境內（國內觀光）或跨越國界（國際觀光）的活動現象，這種現象顯示出個人及團體間的交互行為與關係，因此觀光是對他地、他國的人文觀察與體驗，包含文化、制度、風俗習慣、國情、產業結構、社會型態等有所認識並增廣見聞。駱焜祺（2002）則是將觀光定義為：「在吸引與接待觀光客與其他訪客的過程中，由觀光客、觀光業界、觀光地區的政府部門及當地接待社區的交互作用，所產生各種現象與關係的總體。」

而所謂的運動觀光，簡單來說可分為實地從事運動者，例如：到瑞士滑雪，到夏威夷衝浪、潛水，或是參與競賽；另外一種則是運動觀賞者，例如到日本、韓國看世界盃足球賽，到台灣來看世界盃棒球賽等；因此，運動觀光產業指的是，凡項目、活動、計畫的辦理與體育運動有關聯，其目的在吸引有興趣的民眾、遊客出席觀賞，或參加該活動、項目，均屬於運動觀光產業發展的範疇（江中皓，2003）。

國外學者Standeven和De Knop（1999）則認為，運動觀光指的是「以個人或組織性方式，為非商業或職業旅遊的理由，暫時離開其居住地，從事所有運動相關活動之旅行」。因此，運動觀光可定義為「以偶

發機會或組織性方式，以非商業或職業的理由，離開居住、工作或在學地點，從事所有主動或被動涉入運動活動之旅行」。Gibson（1998）定義運動觀光為：「以休閒為基礎的旅遊，它讓人們暫時的離開他們的居家環境，從事、觀賞身體性的活動，或是崇拜及參與那些令人感興趣的活動。」

而運動觀光的類型部分，范智明（2003）認為，運動觀光可以分為主動與被動兩類，主動型指的是親自參與身體的活動，以紐西蘭為例，人口僅三百餘萬的紐西蘭，每年就吸引了40萬外國觀光客及20萬本國觀光客從事滑雪、高爾夫、高空彈跳等運動；在台灣則類似太魯閣國際馬拉松，都是主動型運動觀光參與。另一類為被動型的運動觀光，如觀賞職業運動或國際型大型運動賽會等。高俊雄（2003）將運動觀光區分為三種型態：

1. 運動景點觀光：遊客主要是為了實地參與運動或是觀賞，例如運動博物館、名人堂、著名運動場館、賽馬場等。
2. 運動度假觀光：遊客主要是為了實地參與運動，例如潛水、網球、高爾夫、羽球、登山、健行、自行車等。
3. 運動賽會觀光：遊客的主要目的是為了觀賞運動賽會，例如奧運會、世界盃足球賽、網球公開賽、台灣太魯閣國際馬拉松路跑賽等。

此外，交通部觀光局也依據參與活動的性質，將參與性的運動觀光分為三大類型：

1. 陸域型活動：常見之活動如專業性登山、攀岩、雪地攀登、登山滑雪、洞穴探險、高空彈跳、吉普車越野、摩托車越野、登山車越野、狩獵、荒地旅遊、極地探險。
2. 水域型活動：泛舟、輕艇、獨木舟、溯溪、風浪板、衝浪、滑水、海上航行（帆船）、浮潛、潛水。

3.空域型活動：跳傘、滑翔翼、輕航機、拖曳傘、熱氣球、飛行傘。

　　由上述的分類可以得知，參與運動觀光活動的種類相當多，而不同活動大多需要不同的場地設施和不同的配備器材，因此也可帶動周邊運動產業的發展。

　　因此由上述許多國內外學者對運動觀光所下的定義，可以將運動觀光的範圍整理歸納成以下三種基本型態：

1.運動景點觀光：遊客主要是為了實地參與運動或者觀賞，但是停留時間並不長，從一小時到八小時之間，通常不會過夜，可以是整體旅遊行程的一部分，需要的核心資源是運動環境設施或者活動，可提供觀光客在旅遊過程中前往觀賞或者參與運動。

2.運動度假觀光：遊客主要是為了實地參與運動，停留時間較長，通常在兩天到五天，到達目的地後，開始從事休閒運動是旅遊主要的目的，需要的核心資源可以是運動環境設施或者活動，但必須具備規劃完善之運動設施，以及提供餐飲、住宿、娛樂等相關服務，才能吸引消費者前往運動觀光旅遊。

3.運動賽會觀光：遊客前往旅遊地的目的主要是為了觀賞運動賽會，停留時間可以短到二至八小時之間，也可以長達數天，觀賞運動賽會活動是旅遊的主要部分，需要的核心資源必須是運動環境設施與運動賽會活動，特別是能夠吸引大量觀賞性運動觀光客的精采運動賽事，這些活動也會吸引大量媒體、技術人員、運動員、教練的參與。

　　根據交通部觀光局所公布的「台灣民眾旅遊狀況調查」報告，以「運動健身度假」為主要目的遊程的比例已長期穩居國人旅遊目的的第二位。因此許多旅遊業者開始推出運動主題的套裝行程，例如：路跑馬拉松、單車旅遊、滑雪假期、高爾夫假期、潛水體驗等套裝行程，代表

著運動觀光市場確有極大的發展潛力。

由於運動賽會是屬於短暫的運動觀光吸引力，因此發展運動觀光據點的吸引力是運動觀光產業的重點之一，例如：澎湖、墾丁海域、綠島、東北角的海上遊憩活動（如浮潛、潛水、水上摩托車、拖曳傘等）；此外，台灣亦可發展在自然環境中的水域或山域活動，例如：舉辦中央山脈縱走活動、在日月潭舉辦的挑戰賽，以及花蓮的泛舟活動等，都是利用自然環境來發展觀光活動的例子。

以2017年台北市舉辦的第29屆夏季世界大學運動會為例，共有145個國家與地區參與，參賽運動員總計7,639人，隨隊人員則達3,758人，根據世大運組委會提出的數據顯示，該屆世大運共賣出72萬張的賽事門票，平均售票率達87%，遠遠超過上屆光州世大運的52%，門票收益更超過1.4億新台幣（林聖凱，2020）。由此可見舉辦奧運、世足賽、世錦賽以及網壇四大滿貫賽所能帶來的經濟與運動觀光效益。此外，以自由車的賽事為例，為期五天的Tour de Taiwan有來自20國200名自由車菁英選手，由Euro Sports轉播，在超過50個國家以20種語言轉播播出，就吸引高達9,500萬的觀眾人次。而邁入第37屆的2018年「日月潭國際萬人泳渡活動」，則共有來自44個國家1,289位外籍泳客參加，結合旅遊業者兩天一夜及三天兩夜套裝旅遊行程，創造約新台幣1.1億元的經濟效益（陳冠諭，2020）。

根據上述的說明，觀光結合運動賽會舉辦不僅只是賽會期間內的觀光相關經濟效益，同時帶來許多如文化、社會及人力資源發展等非經濟面向無形資產的效益及培養舉辦賽事所需人才，對舉辦賽事的國家及城市帶來對整體運動產業的發展更可發揮綜合效果（陳冠諭，2020）。以台灣為例，政府每年輔導辦理百場國際賽事，2018年共舉辦130場國際賽事，締造了80萬現場觀賽人次、逾1億媒體觀賽人次、志工參與約1.3萬人次，也吸引約1.8萬名外籍選手參賽，成果豐碩（陳冠諭，2020）。

二、運動觀光發展的要素

發展運動觀光必須具備三大要素：運動觀光資源、運動觀光設施和運動觀光服務，其中運動觀光資源和運動觀光設施為硬體，而運動觀光服務則為軟體，三者相輔相成，運動觀光產業才能發展，以下簡要說明之：

(一)運動觀光資源

運動觀光資源是指能夠激發運動觀光消費者從事運動的動機，並從活動過程中產生經濟價值的各種因素與條件，因此運動觀光資源是發展運動觀光產業的基本條件，運動觀光資源的內容基本上包括了自然類的運動觀光資源，如登山、溯溪、浮潛等運動都需要天然資源的條件；其次是人文類的運動觀光資源，如傳統的民俗體育活動或是現代的大型運動賽會，都會吸引大批的觀光人潮。

(二)運動觀光設施

指的是接待運動觀光消費者所需要的種種設施的總稱，包含在活動過程中所需的食衣住行等等，例如交通、旅館、飯店，此外也包括了從事不同運動所需的設施與器具，如果設施缺乏，往往就無法帶動運動觀光產業的發展，因此運動觀光設施的完善與否是影響運動觀光產業品質與發展的重要因素。但是從另外一個角度來看，從事運動觀光的人口增加後，也會反過頭來帶動周邊設施的發展。

(三)運動觀光服務

指的是運動觀光產業向消費者所提供各種服務的總稱。一般而言，運動觀光服務包括核心服務和周邊服務，例如參觀雪梨奧運，觀賞賽事

活動的安排便是核心服務,而住宿交通的安排則是周邊的服務,因此服務的品質也是影響消費者滿意度的重要關鍵之一。

　　針對上述運動觀光的定義,以及發展運動觀光的要素後,可以知道運動觀光之發展必須依賴支援運動所需之要素與觀光發展之吸引力,因此黃仲凌(2004)整理運動觀光發展所需資源整體架構如**圖13-1**。

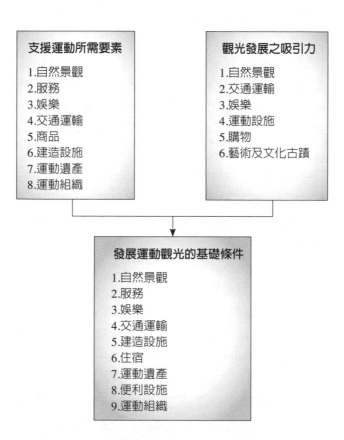

圖13-1　運動觀光發展所需資源整體架構圖

資料來源:黃仲凌(2004)。

由上述說明可以得知，未來運動觀光產業的發展必然是現代運動產業發展的趨勢，如何整合和推展運動與觀光這兩種產業，將是產官學界必須思考的議題。

中央與地方政府開始重視運動觀光

運動與觀光產業結合是始於歐美早期多項國際知名馬拉松賽，例如：紐約馬拉松、波士頓馬拉松、倫敦馬拉松的舉辦，才逐漸有運動觀光這個名詞與產業。而近年來台灣各地也持續地推動路跑活動，創造了許多的經濟效益，而除了路跑活動之外，最典型的運動與觀光的結合，應該就是泳渡日月潭這項活動了。

泳渡日月潭活動，是日月潭最具歷史與規模的活動，從1983年開始，已經邁入第31屆，每次活動都吸引來自台灣與海外各地的游泳好手，全程大約3,000公尺，1995年經國際奧林匹克委員會以泳渡規模、困難度、持續性等標準，正式認證為全球最大的游泳活動，2002年正式列入世界游泳名人堂。

由於泳渡日月潭的活動創造了極大的效益，因此南投縣政府近幾年來又繼續舉辦「南投國際超級鐵人三項」，比賽項目除了3公里的「日月潭泳渡」，還有「武嶺自行車賽」及「中潭公路馬拉松賽」，總里程100公里，顯示運動觀光帶來的影響力。

泳渡日月潭活動帶動了運動觀光發展的啟示，因此體育署為推展運動產業，鼓勵運動服務與觀光旅遊之異業結合，也在2013年ITF台北國際旅展推出「運動觀光主題館」，體育署在旅展現場設置「運動觀光主題館」，輔導國內旅行業者在該主題館販售由體育署所遴選出的五件「優質運動遊程」，其中一個重要的遊程設計就是「日月潭泳渡單車雙鐵GO」，希望日月潭這個絕佳的旅遊景點與特色能和運動做出更完美的結合。

　　除了體育署和南投縣政府外，各縣市政府也積極包裝及開發新的觀光產品，包括以運動為主題的觀光旅遊，例如：台東縣政府推展的熱氣球運動也創造非常高的經濟效益。由上述這些例子可以得知在21世紀觀光產業將成為世界上最大的產業。世界各國也積極發展各項運動觀光活動，例如泰國的普吉島、印尼的巴里島就是以水域活動等各項特色聞名於世，並且吸引大批觀光客前往該地進行水域運動觀光旅遊活動，同樣地，日本石川縣能登半島也有滑雪場、自行車道，由此可見未來台灣必須更加持續地開發新的運動觀光活動，才能符合世界觀光的發展趨勢。

資料來源：作者整理。

第二節　運動觀光產業管理與行銷

　　運動觀光產業興起後，產業市場的發展需要新的管理概念，而有關運動觀光產業的管理與行銷可以從行銷學中的4P來做探討，即產品、價格、通路和促銷。分別說明如下：

一、產品

　　運動觀光旅遊產品是指旅遊者以參加某項運動項目為主要目的的旅遊活動，如游泳、登山、慢跑、高爾夫、泛舟、浮潛等。無論什麼樣的旅遊產品，都具有以下幾種與一般旅遊不同的明顯特徵：

1.運動觀光旅遊產品核心是以運動為主體。
2.運動觀光旅遊產品的範圍較為廣泛，一般可分為參與性和非參與性兩種。

3.運動觀光旅遊產品具有較強的專業性,更應注重參與者的安全。

二、價格

一般產品的價格決策,受到內部公司因素的影響,也受到外部環境因素的影響。此外,運動觀光旅遊產品的價格也會受其他相關旅遊產品的影響,如目標顧客旅遊時在其他產品上的費用、旅遊產品的風險費用,不過價格的訂定基本上還是受到市場供需原則的制約,價格會依不同形態與品質而有所差別。

三、通路

運動觀光旅遊產品的通路可以包括市場地點的選擇、旅行社的選擇、市場銷售網絡的建立、銷售通路的管理與協調等。因此未來通路的發展是影響產業的重要因素。同時網際網路的運用更是運動觀光產業發展的重要趨勢。

四、促銷

促銷組合是企業根據促銷的需要,所做的一種行銷策略。一般常見的行銷策略有:公共關係、旅遊代理、旅遊展覽、網路行銷、人員促銷、一般廣告促銷等。

目前,我國運動觀光旅遊產業仍在起步的階段,因此產業市場仍有相當大的開發潛力。希望透過本章的介紹,未來會有更多人投入運動觀光旅遊產業,讓運動產業更加蓬勃發展。

光合作用戶外探索學校

　　光合作用戶外探索學校是在2004年春天由一群具有熱情的年輕人所成立，他們以積極、樂觀、嚴謹的態度，主動分享在大自然的感動。他們以運動觀光為主題提供了許多專業的服務，包含各項戶外探索的訓練課程，包括登山課程、越野單車課程、海洋獨木舟、激流獨木舟和攀岩課程，除此之外也提供許多花蓮地區自然景觀的體驗課程，以下則各舉一項訓練課程與體驗課程為例，來瞭解其產品與服務，以下是其產品組合：

一、獨木舟訓練課程

　　1.簡介：相信很多人都對海洋獨木舟修長優雅的身軀印象深刻，碧海藍天，海風徐徐吹拂，單人或雙人獨木舟隨著海洋起伏的節奏，槳起槳落，只有置身其中，才能真正領略海的呼吸與大自然的奧妙！但是，面對廣闊無盡，時而平靜溫柔，時而波濤洶湧，詭譎多變的汪洋大海，如何能夠真正享受獨木舟的樂趣呢？

　　2.開課時間：

　　　(1)初級課程（A）　　　10/28、10/29、10/30　　　NTD：8,500

　　　(2)進階課程（B）　　　11/25、11/26、11/27　　　NTD：8,500

　　3.上課地點：

　　　(1)初級課程（A）　　　花蓮鯉魚潭、七星潭

　　　(2)進階課程（B）　　　花蓮磯崎、七星潭

　　　(3)進階課程（C）　　　花蓮磯崎、清水斷崖

　　4.個人裝備：小背包、睡袋、睡墊、頭燈（備用電池）、碗筷、鋼杯、水壺（1L）、游泳眼鏡、太陽眼鏡、防曬油、盥洗用具、防寒衣（冬天）、換洗衣物2套、個人用藥。

　　5.提供裝備：獨木舟、船槳、救生衣、防水蓋、防滑鞋、浮力袋、救援繩、抽水幫浦、防水袋。

二、砂卡礑溪體驗課程

1.簡介：走在砂卡礑沁涼清澈的溪水中，每顆石頭都像一幅畫一般，
紋理線條柔美分明，山寧靜地拔起，以綠樹山風為襯，穿梭遊走，
樹林深處有神秘的窺伺與低吟的聲響，我警覺又放肆、清涼又逍
遙，在夏日裡沉醉。

2.體驗組合：溯溪＋爬樹。

3.活動費用：$ 2,400／人。

4.活動天數：一天。

5.活動年齡：建議為13歲以上，未成年者必須有監護人同行。

地址：花蓮市光復街130號

電話：03-8357-992

傳真：03-8357-146

客戶服務信箱：outdoor@outdoor-taiwan.com

資料來源：整理自光合作用戶外探索學校網站，http://www.outdoor-taiwan.com。

第三節　發展運動觀光的正負面衝擊效應

國家或者地區藉由優勢的地理環境或競賽活動特色來發展以運動為
主題的觀光旅遊活動，是一項重要的發展趨勢。不過在推展運動觀光產
業的同時，也會對現代生活產生許多正負面的影響與衝擊，因此要永續
的發展運動觀光產業，這些正負面的衝擊與效應是值得我們重視的，以
下將運動觀光發展過程中容易對當地環境造成的一些效應與衝擊做簡要
說明。

一、發展運動觀光的正面效應

(一)有益個人身心健康

　　運動觀光產業的發展對於個人與社會所產生的效應，應是正面大於負面，主要原因是藉由運動為主題的運動參與或觀光旅遊，不僅提供人們適當的休閒遊憩機會，更可藉由活動達到身心健康之目的，因此從教育和社會的角度來看，運動觀光是一項極為正面的休閒活動。

(二)促進社會和諧與發展

　　運動觀光的發展可以改變人們的休閒活動參與模式，透過這種正面的休閒活動，對於個人及社會價值觀與社會風氣的提升有正面的助益。

(三)促進經濟發展、創造就業機會

　　運動觀光的推展首先產生的影響便是經濟層面，運動觀光的發展可提升當地之稅收、增加居民收入、增加就業機會、繁榮地區發展等，尤其是大型國際運動賽會的舉辦。以世足賽為例，是一個創造高度附加價值和效益的「超大事件」（big event），其對於建築、觀光、企業公關、廣告、資訊、運動、行銷、媒體技術等各方面都會產生巨大的附加價值，因此發展運動觀光也是地區經濟產業發展與轉型的重要契機。

二、發展運動觀光的負面衝擊

(一)對當地經濟產生負面衝擊

運動觀光發展雖然對當地經濟有正面的效應，但是從另一角度觀察，地區也可能因運動觀光而促使當地物價高漲、外來就業人口大幅提高，造成排擠當地就業人口的就業機會，以及觀光淡季所引發之失業人口問題。

(二)對當地環境產生的負面衝擊

當某一地區成為觀光旅遊景點或者舉辦大型運動賽會時，活動必然帶來大批的人潮與車潮，而大批人潮所帶來的空氣汙染與垃圾問題，必然對當地的環境生態及居民的生活品質產生極大的負面影響。

(三)對當地生態產生負面衝擊

過度的發展某些運動觀光活動也會對生態造成影響，尤其是過度人為休閒運動的推展，例如：水上摩托車、登山、浮潛或潛水，都會破壞許多自然生態。然而任何一種產業的發展都會對環境生態帶來一定程度的衝擊，因此將環境的衝擊和影響降至最低，就成為產業開發時最重要的課題。

上述這些發展運動觀光所造成的衝擊如未適時防範，對於運動觀光產業永續的發展是一項極為不利的因素。

第四節　運動觀光的政策推動與未來具體做法

　　近年來國內外「運動觀光」（sport tourism）蓬勃發展。因此以下針對國內近年來對於運動觀光的發展現況，以及運動觀光產業產官學界未來應有的具體做法加以探討。

一、運動觀光政策發展現況

　　從台灣國內旅遊調查統計可以得知，運動觀光產業近年來已經成為國內旅遊重要的活動項目，同時國內運動旅遊的人次也逐年成長。在國內也有許多運動觀光的實例，例如：國內外高爾夫球觀光旅遊所安排的高爾夫行程；各地的海上長泳也是水域運動與觀光結合的最佳證明；再加上近年來最熱門的運動，包括路跑、鐵人三項和泳渡日月潭的運動賽事。近年來一年就有600場以上的活動，若以平均一場3,000～5,000人保守推估，就可得知參與人數驚人。

　　因此近年來政府也積極依據「教育部運動發展基金優良運動遊程輔助作業要點」，鼓勵獎助旅行業者將運動結合觀光旅遊規劃行程，透過優質運動遊程徵選競賽，鼓勵跨業專業人力投入、擴大運動產業範疇，自2012年起迄2019年共獲選出78套優質運動遊程，包括：陸上運動、水域運動、空域運動和自行車運動等，結合運動、觀光旅遊、交通運輸、餐飲、保險等異業結盟下，提升民眾從事觀賞性及參與性運動消費支出。78套獲選遊程業者共獲得補助金額總計約新台幣3,481萬元，然而卻創造我國運動產值約新台幣1億3,536萬元，以及創造旅遊產值約新台幣3億506萬元（葉公鼎、蕭嘉惠、王凱立，2019），有效地透過運動觀光產業帶動周邊關聯產業的發展。除此之外，各縣市政府也積極推動城市運動觀光，近年來運動結合觀光的城市範例與政策，整理如**表13-1**。

表13-1 運動結合觀光的城市範例與政策

運動城市	政策與範例
台北市	台北市各區共設立12座體育中心、13座游泳池及436個運動培訓站。為舉辦「2017台北世大運」，整建53座現有場館並另外新建2座，總計使用60座場館。賽後亦將選手村部分樓層提供年輕人創業或藝術聚落，帶動整體城市的運動發展。
新北市	新北市各區也興建運動中心並成立運動熱點，舉辦了包括「威廉瓊斯盃國際籃球邀請賽」與「台灣裙襬搖搖LPGA」等國際級賽事，此外，新北市的「萬金石馬拉松」更可以說是新北市的年度招牌賽事，2017年12月，通過國際田徑總會（IAAF）「銀標籤」（SILVER）認證，成為台灣首場也是唯一一通過國際認證之馬拉松賽事！
台中市	休閒產業的發達為台中市政府發展運動政策奠下基礎。每年的「爵士音樂節」吸引大批遊客前往。此外，2019年「第2屆世界盃12強棒球賽」也在台中洲際棒球場舉行，將棒球熱潮風靡台中與全國。
台南市	2019年第5屆U12世界盃棒球賽在台南亞太國際棒球訓練中心開打，未來台南市更將承辦2021、2023、2025、2027連續四屆的U12世界盃棒球賽及更多國際賽事，此外，台南市政府也首度將運動結合時下流行遊戲文化Pokemon，成功擴大賽事的宣傳效果。
高雄市	高雄除了成功辦理2009年世界運動會外，每年定期舉行的「愛河划龍舟競賽」是高雄市的一大特色，不僅年年吸引大批人潮，也是將傳統文化結合競技運動的最佳案例。
台東及澎湖	台東與澎湖兩地擁有豐富的自然景觀，綿延的海岸線每年也吸引大批衝浪好手。台東推動熱氣球及飛行傘等活動，澎湖則有花火節及各項水域活動，同時也定期舉辦鐵人三項及馬拉松賽事，透過運動賽事的舉辦，也帶動當地觀光與運動產業的發展。

資料整理來源：陳冠諭（2020）。

二、運動觀光未來發展的具體做法

世界各國在推展觀光事業上不遺餘力，以澳大利亞為例，在獲得2000年奧運的舉辦權後，便率先發起「體育旅遊年」，例如：在大堡礁大量發展水上運動市場，在昆士蘭為日本運動遊客建設高爾夫球場，更藉由奧運會吸引大量的觀光客旅遊雪梨之外的其他景點。此外，高度發展旅遊業，愛好與運動結合的國家則是紐西蘭，該國有51%的人

在業餘時間經常從事各項體育運動，尤其鍾情水上運動，紐西蘭的運動熱潮使得各項運動設施及產業發展迅速，因此成爲經濟合作暨發展組織（OECD）24個成員國中，旅遊事業發展最快的國家（廖世雄，2003）。運動觀光在加拿大，比較具有代表性的則是New Brunswick城的戶外冒險旅遊計畫，在這個計畫中所提供的內容相當多，適合不同運動技術水準和不同興趣愛好者，包括了五十幾種活動內容，例如：划船、打獵、航行、自行車、騎馬、獨木舟、跳水等運動專案。在中國，其國家旅遊總局曾將1996年定爲「度假休閒年」，2001年又將主題定爲「體育健身遊」，顯示出運動觀光在中國已具備一定的基礎，而北京於2008年舉辦奧運，更使運動觀光成爲大陸旅遊業的重心。

因此參考其他國家的做法，同時衡量地區的人文自然和產業發展的特性，及考量運動觀光推展所產生的正負面效應與衝擊，才能選擇最適當的發展策略與具體做法，以下提供幾項具體的做法作爲參考：

(一)多爭取舉辦國際性或是國內大型運動賽會

奧運會、亞運會、世界盃足球賽、歐洲盃足球賽、世界盃棒球賽等國際大型運動賽會往往最能吸引國際的焦點和大量的運動觀光客，不過考量現實的因素，大型運動賽會並不容易取得主辦權，以國內的經驗而言，世界盃棒球賽、國際馬拉松等大型活動，都能吸引大量的參與和觀賞人口，對於國內運動觀光產業有相當的助益。除此之外，舉辦國際性的運動賽會，更可以吸引國際的觀光客，因此未來可依據國內舉辦國際運動賽會的經驗，多爭取舉辦如鐵人三項、棒球賽、東亞運、國際高爾夫球名人賽等國際賽會，一方面可以提升我國運動競技能力，另一方面則是帶動觀光人潮。

(二)發展多樣性的運動觀光型態

現代人追求生活型態的多元，因此創新便成爲產業發展的關鍵，

運動觀光產業的發展也必須思考如何在型態上更具選擇性與多樣性，例如：在墾丁的度假行程中，安排了更多樣性的休閒運動，行程中可以包含各種不同的休閒運動，加入更多吸引人們的元素。從世界各國的經驗中可以發現，近年來運動觀光在活動項目和產品上已更為多元，因此，國內運動觀光產業也必須發展更多樣性的休閒運動型態。

(三)發展與整合運動觀光資源

台灣具有獨特的地理型態，有高山又四面環海，且有離島，均有助於發展運動觀光。因此必須善用天然資源來發展適合的休閒運動，例如：澎湖、墾丁、綠島、東北角就適合發展浮潛、潛水、獨木舟、水上摩托車等各項水域休閒運動；此外，台灣多山的地理環境亦可發展在自然環境中登山、攀岩、溯溪等山域活動。

(四)爭取國外職業運動來台舉辦比賽

運動觀賞的型態是運動觀光發展一個重要的推動方向，以日本職棒來台比賽為例，不僅吸引國內大批球迷觀賽，也吸引大批日本球迷來台觀賽，無形中帶動觀光產業的發展，因此未來國內應積極爭取許多職業運動的明星賽或表演賽來台比賽，相信無論對競技運動或是運動產業的發展都有正面的助益。

(五)興建運動場館等基礎建設

無論是運動賽會的舉辦或是運動景點的觀光都必須要有完善的運動基礎建設，因為許多大型運動賽會舉辦的基礎條件就是必須具備運動場館，例如：世界盃足球賽、奧運會、職業運動的球場除了可以舉辦大型運動賽會外，也可以聚集人潮或是成為一個地標，因此運動場館的規劃與運用也是發展運動觀光的具體做法之一。

舉辦大型運動賽會的正負面影響

　　在運動觀光市場中，運動賽會觀光扮演著重要的角色。因此爭取國際大型運動賽會已成為現今許多國家的重要策略，一方面可以藉此提升國際形象，另一方面也可帶來龐大的經濟效益。因此近年來，亞洲各國家也舉辦多起國際大型運動賽會，例如：2002年日韓世界盃足球賽、2008年北京奧運等；台灣則有2009年在高雄市舉辦的世界運動會、台北市舉辦的聽障奧運會，以及2017年承辦的世界大學運動會。

　　雖然申辦國際運動賽會的競爭日趨激烈，但承辦國際運動賽會的利弊得失往往難以衡量。例如：希臘舉辦雅典奧運後，非但沒有促進經濟的繁榮，反而造成國家經濟的龐大負擔。因此在舉辦賽會的爭取過程中，若缺乏完善的財務規劃，包括賽後場館的營運利用方案，可能產生長期的後遺症，為舉辦城市或國家帶來沉重的財務負擔。但是賽會舉辦國家若能妥善規劃，其經濟效益往往在賽會舉辦前就已產生，且會持續到賽會結束後數年。因此若以台北市舉辦2017年世大運為例，台北市政府可以不用過度強調短期收益，而是該思考長期的都市發展與建設。如同籌辦2012年夏季奧運的倫敦，其預估總支出雖然高達90億英鎊以上，短期虧損達30億英鎊，但估算其後二十年，將可帶來1,960億英鎊的收益。相反地，世大運的舉辦若缺乏細心規劃，大量的投資之後可能留下巨額負債，尤其是為賽會興建的運動場館，若沒有完善的營運計畫，比賽過後可能失去用途，徒增維護費用，並造成長期的財政負擔。因此台北市政府舉辦2017世大運的目的，就短期來看，可以著重於賽會帶來的經濟效益、政治利益等因素，但就長期來看，關注焦點則集中在城市發展和城市意象的重塑。

資料來源：作者整理。

焦點話題

紐約能，台北能不能？

　　全球獎金最高的ING城市馬拉松，近年來已成為城市嘉年華會的經典，為城市經濟創造的效益，四年來成長的幅度高達六成，一場賽事預估可以為紐約市帶來近新台幣70億元的經濟效益。近年來藉由運動賽會的舉辦所帶動的建設、觀光及產業活動，不但創造了龐大的經濟效益，更重要的是全球所共同參與的大型活動，透過媒體的轉播，成功的創造及行銷城市的品牌。

　　ING紐約城市馬拉松從創辦至今已有三十六年歷史，而近年來在企業、官方及非營利組織的合作下，其全球知名度早已超越歷史最悠久，長達一百零九年的波士頓馬拉松，比賽一開始，透過電視轉播，全球估計有3億人口關注這場比賽，光是紐約居民就約有200萬人湧上街頭，為選手吶喊加油。

　　相對於其他運動，慢跑似乎是最不容易被激起熱情的，也最不容易塑造運動明星的，但是紐約市卻成功地將馬拉松打造為城市嘉年華，究竟紐約市、ING集團、路跑協會是怎麼辦到的？紐約能！台北能不能？

　　以活動規劃為例，總共動員了4,000名警力，約全市警力的一成維持全線的秩序，紐約路跑協會則號召12,000名志工，擴大市民的集體參與感，主辦單位ING集團除了贊助獎金，更以一支30人的團隊，積極參與賽務的規劃與行銷宣傳，把這項活動當成ING的品牌策略在經營。

　　反觀台北ING城市馬拉松參與的人數是紐約的3倍，約10萬人參加，然而投入的警力卻僅有300人，而投入的志工也僅1,500人，約只有紐約的1/10，綜觀國際大型運動賽會如奧運會、世界盃足球賽，所創造出的種種效益，比對台北和紐約的馬拉松賽事，似乎我國要舉辦大型國際運動賽會似乎還有極大的努力空間，也不禁讓我們思考「紐約能，台北能不能？」。

結 語

　　運動觀光產業的形成源於傳統觀光產業，隨著社會的變遷與多元化，人們從單一的參與選擇層面進而擴展為多角需求的變化，使得運動觀光成為許多休閒旅遊的新選擇。在過去，運動與觀光常被視為兩個不同的產業，但近來發現運動與觀光其實是可以結合的，而且運動觀光在國外其實已經盛行多年，例如多夏季奧運會、世界盃足球賽、四大網球公開賽等。近年來，國內的運動觀光也逐漸發展，如泳渡日月潭賽事、秀姑巒溪泛舟、綠島浮潛，以及攀岩、溯溪、職業高爾夫球賽等，透過運動項目產品吸引消費者參加或前往觀賞活動，塑造運動觀光產業的發展。

　　觀光業是21世紀最有潛力的明星產業，也是目前全球最大最富生機的產業，我們也可以發現，運動、休閒與觀光旅遊都是目前世界上普遍受到歡迎的話題與活動，當然台灣產業要轉型，自然不得不思考產業發展的趨勢與方向。整體而言，台灣地區的確具有高度的觀光吸引力，要在幾年內提高來台觀光人數，透過運動的體驗參與或是活動的觀賞都是一個很有效的方式，但是任何一項產業的發展都需要產官學界的共同配合，一方面要具備完善的基礎設施與條件，另一方面也需要將所有的衝擊傷害降到最低，因此上述所提有關發展運動觀光的具體策略與方向，的確是值得政府與產業界思考的方向。很明顯地，運動、休閒與觀光是近年來逐漸受到重視的議題，然而到目前為止，運動與觀光旅遊並沒有普遍的結合，不過其發展的趨勢則是越來越普及，從較早期的登山、高爾夫、浮潛，不斷地擴增各項運動項目，觀光旅遊風景區內所提供的各項水域運動以及各種新興的陸上運動，例如自行車、慢跑、直排輪和攀岩等等，都吸引了相當多運動與旅遊的人潮，同時也顯示了運動觀光在運動產業中發展的趨勢與潛力。尤其隨著社會的變遷以及人們價值觀的改變，運動觀光產業將有極大發展的契機，因此未來我們努力的方向是

一方面擴大觀光旅遊地區的吸引力，一方面提升運動休閒參與人口，來打造屬於台灣的運動觀光王國。

問題與討論

一、發展運動觀光需要哪幾個基本要素來支援，請分別說明之。

二、運動觀光可以分為哪幾種基本的型態，這些型態的意義和內容為何？

三、發展運動觀光產業會對地方產生哪些正面效應和負面的衝擊，請分別說明之。

四、運動觀光產業是近年來國內旅遊的重要活動項目，請舉例說明目前國內發展的概況，要如何才能把運動的要素融入觀光旅遊活動中？

參 考 文 獻

江中皓（2003）。〈我國運動觀光發展契機與潛力之評估──以高爾夫假期為例〉。《國民體育季刊》，138，12-17。

林聖凱（2020）。〈串連典藏──運動觀光實踐策略〉。《國民體育季刊》，201，69-73。

范智明（2003）。〈運動觀光衝衝衝〉。《中國時報・時論廣場》，A15版，2003年10月13日。

高俊雄（2003）。〈運動觀光之規劃與發展〉。《國民體育季刊》，138，7-11。

連文榮（2020）。《推估試算我國106及107年度運動產業產值及就業人數等研究案》。台北：教育部。

陳冠諭（2020）。〈推動運動觀光與運動新創、加速亞太區域運動產業發展〉。《台灣經濟研究月刊》，43(5)，54-59。

程紹同（2001）。《第五促銷元素》。台北：滾石文化出版社。

黃仲凌（2004）。〈澎湖地區運動觀光發展之現況分析〉。《大專體育》，74，71-77。

葉公鼎、蕭嘉惠、王凱立（2019）。〈運動產業──幸福經濟、運動體現〉。《國民體育專刊》，114-141。

廖世雄（2003）。〈各國運動與觀光結合成功案例介紹〉。《國民體育季刊》，138，68-74。

駱焜祺（2002）。《觀光節慶行銷策略之研究──以屏東縣黑鮪魚文化觀光季活動為例》。國立中山大學碩士論文。

Gibson, H. J. (1998). Sport tourism: A critical analysis of research. *Sport Management Review, 1*, 45-76.

Standeven, J. and De Knop, P. (1999). *Sport Tourism*. Champaign, IL: Human Kinetics.

Chapter 14

水域休閒運動產業

閱讀完本章，你應該能：

· 認識水域休閒運動產業的定義與範圍
· 瞭解水域休閒運動產業推展的政策與活動
· 知道水域休閒運動產業發展的現況

前　言

　　經濟脈動的成長與生活品質的提升，使得社會大眾對於休閒運動的觀念日益普及，到戶外從事休閒運動的人口不斷上升，許多人更將休閒運動視為平日或假日的例行活動，過去雖然國內推行全民休閒運動已有一段時間，但是和國外休閒運動人口相較仍算少數，尤其台灣是屬於海島型國家，理應可以發展許多的水域運動，諸如游泳、浮潛、衝浪、帆船、獨木舟等休閒運動，然而受限於國人親水教育或是游泳能力的缺乏，加上政府對於推動各類水域運動之政策腳步過慢，使得國內水域運動產業的發展也相對落後於其他海島或是觀光為主的國家。事實上就需求面而言，根據行政院主計處的統計，近年來我國國民平均所得已經突破二萬美元，而國民所得增加，在休閒娛樂費用的支出也會相對提高。因此未來水域休閒運動產業仍有發展的空間與市場。

　　最近幾年，雖然政府積極推展水域休閒運動，相關的運動人口有所增加，但是水域休閒運動產業成長的幅度並不大。自從2001年政府實施週休二日以來，國人例行性休假時間增加，連帶使得民眾休閒型態產生改變，休閒行為更為多樣化，再加上資訊的發達及西風東進，歐美運動風氣深入引進，促使每個人逐漸地重視及參與對身體有益之各項運動或活動（黃坤得、黃瓊慧，2000），相對地，許多新的休閒運動型態隨之產生，越來越多家庭擁有RV休旅車，同時車頂載著腳踏車、衝浪板、獨木舟或是SUP立式浮板。因此水域休閒運動的發展，若能夠配合台灣所具有海島國家的天然資源，相信可以創造出許多的觀光和休閒等附加價值，不僅可以為我們帶來許多的經濟財富，更提供了國人海闊天空的休閒環境，台灣是一個海洋的國家，因此未來水域運動的發展將在台灣運動產業中扮演一個舉足輕重的地位，相對地，水域運動和資源的調查與研究也應該更加受到重視，研究的範圍也應該更廣泛地包括：資源的調查、生態環境的影響與評估、經濟價值的計算、遊客乘載量的評估與計

算、政府的政策與推展的策略等等，才有助於水域運動與運動產業的發展。因此本章將介紹水域休閒運動產業的定義與範圍、水域休閒運動產業推展之現況、水域休閒運動與產業發展現況等來瞭解國內水域休閒運動與產業。

 第一節　水域休閒運動產業的定義與範圍

台灣擁有環海的自然條件，島內許多河川湖泊的優勢，是提倡和發展水域休閒運動最好的國家之一，因此水域運動的發展是台灣休閒運動發展的重要趨勢，以下就水域休閒運動的定義與範圍、水域休閒運動產業的組成這兩個面向來做說明。

一、水域休閒運動的定義與範圍

(一)水域休閒運動的定義

水域休閒運動是什麼涵義及其包含的範圍為何？其實目前國內研究對水域休閒運動的定義並不明確，常出現的名稱有「海洋運動」、「海域運動」及「水上遊憩」等，事實上，水域運動的定義十分困難，若太嚴苛，許多依賴水的活動將不被包括，若太寬鬆，則與水有關係的活動都會被納入。依據Dearden（1990）的觀點，海岸地區的遊憩機會，可分為陸域活動（land-based）與海域活動（water-based）兩大類。前者活動場地主要在沙灘與岸上，活動內容包括沙灘活動、散步、慢跑、生態導覽等。後者又分為海上活動（on the water）與海中活動（in the water），海上活動的內容包括遊艇、帆船、釣魚等；海中活動的內容則包括游泳、衝浪、浮潛、潛水與滑水等。

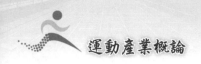

除此之外，雖然目前水域運動沒有非常明確的定義，我們也可以從許多水域活動相關之管理辦法條例中加以歸納如**表14-1**。

表14-1　水域活動相關之管理辦法條例與內容

辦法或條例名稱	公布時間	內容
台灣地區近岸海域遊憩活動管理辦法（已廢止）	民國82年1月28日	在近岸水面或水中從事游泳、滑水、潛水、衝浪、岸釣、操作乘騎各類浮具或其他有益身心之遊憩活動。
澎湖縣水上遊憩活動管理自治條例	民國89年9月27日	遊憩活動之建構乃為提供遊憩機會，以滿足人類遊憩需求，並達到休閒的目的。因此水上遊憩活動係使用水上遊憩活動器具在水面、水中或水面低空運行之活動。
水域遊憩活動管理辦法	民國93年2月11日	水域遊憩活動分別為： 1.游泳、衝浪、潛水。 2.操作騎乘風浪板、滑水、拖曳傘、水上摩托車、獨木舟、香蕉船等各類器具之活動。 3.其他經主管機關公告之水域遊憩活動。

資料來源：作者整理。

綜合上述管理辦法中可以歸納出「水域休閒運動」的定義指的是，凡在海洋、河川或湖泊等區域從事國內法令規定或當地主管機關許可有益身心之動態活動均可稱之。因此本文將水域休閒運動定義為：「利用海洋、河川、溪流及湖泊等環境所從事的競賽、娛樂或享樂等有益身心的休閒運動。」此外，由上述資料中也可以得知，水域活動種類繁多，常依資源、設施及技術不同而產生不同的樂趣與體驗。遊憩資源的本質對遊憩活動使用種類與使用強度有著相當大的影響性，因此依據環境空間、資源特性及旅遊需求作為活動劃分之原則，並依資源、設施及遊憩需求劃分。

(二)水域休閒運動的範圍

在定義完水域休閒運動之後，接著就是探討水域休閒運動的項目和

內容。有關水域休閒運動的範圍，依據不同環境條件及資源設施大致可分成下列九項：

1. 乘船活動：泛指所有利用人力、機械動力及風力在海上操作舟船，以達賞景、運動或比賽等目的之活動。乘船活動之種類依行駛動力性質之不同，可分為帆船（sailboat）、動力船（motorboat）及人力船（rowboat）三大類。

2. 釣魚活動：大致可分船釣（boat fishing）及岸釣（surf fishing）兩大類。

3. 潛水活動：是一種水中的游泳（underwater swimming），潛水的種類，依其所使用之裝備與活動方式，可分為徒手潛水及水肺潛水兩種。

4. 衝浪活動：是一種高度技術的運動，藉著衝浪者與衝浪板的結為一體，在動態推進且具有斜陡坡度之波浪上，得到前進的動力，並作有規則的動作變化。

5. 滑水活動：是由人踩在滑水板上，藉著動力汽艇之拖曳在水面急速滑行的運動。

6. 游泳活動：包括在水中之游泳及在淺灘之嬉水活動。

7. 水上摩托車：實可歸類為動力船的一種，因其高速奔馳或常做急速轉彎。

8. 賞鯨豚活動：為台灣近年來新興的海域遊憩活動，尤其在花蓮、台東、宜蘭和澎湖海域，為鯨豚出沒的主要區域。

9. 岸邊活動：包括日光浴、沙雕、聽濤及觀賞海景等活動。

此外，依據大鵬灣管理處（1998）針對水域活動規劃及經營管理所做的研究，水域活動的分類可以依活動目的、活動區域、活動使用器材及活動所需範圍，而做出不同方式的分類，茲說明如**表14-2**。

表14-2　水域活動的分類

一、依活動目的分類		
海域遊憩活動	戲水、游泳、釣魚、觀賞、海灘活動、衝浪、風浪板、船艇、水上機車、海灘車、潛水、滑水、動力船、氣墊船等。	
海域運動	游泳競賽、船艇競賽、滑水、海域救援訓練活動。	
二、依活動區域分類		
海域活動	近海水域	自海岸線起算1公里外之海域，如海釣、遊艇、帆船、水上飛機、快艇、海域探勘、水域搜尋、觀賞、攝影等。
	近岸水域	自海岸線起算1公里內之海域，如游泳、輪胎游泳、戲水、海釣、衝浪、浮潛、獨木舟、動力船、水上機車、滑水、潛水、遊艇、帆船、衝浪板、拖曳傘、觀賞、攝影等。
海岸活動	海灘區域	沙灘排球、海灘跑步、海灘遊戲、日光浴、海灘車、拖曳傘、沙雕、觀賞、攝影等。
	岩礁區域	釣魚、潛水、水中射魚、拾取海中生物、觀賞、攝影等。
	港口區域	釣魚、滑水、遊艇、快艇、觀賞、攝影等。
三、依活動使用器材分類		
器材活動	動力器材活動 — 機械器材活動	動力船、氣墊船、水上機車、遊艇、水上飛機、拖曳傘、滑水等。
	動力器材活動 — 非機械器材活動	划船、獨木舟、衝浪板、風浪板等。
	無動力器材活動	釣魚、沙雕、潛水、浮潛、攝影、錄影等。
非器材活動	游泳、戲水、日光浴等。	
四、依活動所需範圍分類		
大水域活動	指超過中水域之活動範圍，需賴足以持久之器材，如氣墊船、動力船、遊艇、風浪板、帆船、海釣等。	
中水域活動	指離岸500公尺遠、500公尺寬範圍內之水域，如滑水、划船、拖曳傘、風浪板、獨木舟、輪胎游泳等。	
小水域活動	指離岸50公尺遠、50公尺寬範圍內之水域，如釣魚、戲水、游泳、沙雕、海灘車、潛水、攝影、水中攝影、浮潛等。	

水域休閒運動 {
　機械動力項目：快艇巡弋、遊艇、氣墊船、水上摩托車、拖曳傘、動力橡皮艇、玻璃船、香蕉船

　非機械動力項目： {
　　高技巧性：衝浪、風浪板、滑水、帆船、潛水、水肺潛水、獨木舟、輕艇、釣魚、游泳、風箏衝浪

　　低技巧性：水上腳踏車、浮潛、踏浪
}
}

圖14-1　水域休閒運動的內容與分類

資料來源：作者整理。

　　除了上述的分類外，近年來全球化的趨勢帶來許多國外的經驗，國外許多刺激、新潮的水域運動項目也將會陸陸續續地在國內呈現。根據國外相關的水域休閒運動的項目大致可區分爲以下幾種：衝浪（surfing）、風浪板（windsurfing）、風箏衝浪（kitesurfing）、滑水（water skiing）、水上腳踏車（water bike）、遊艇（cruising）、帆船（sailing）、快艇巡弋（speedboat）、氣墊船（hovercraft）、潛水（diving）或水肺潛水（scuba）、浮潛（skin diving）、水上摩托車（water scooter ding or sea wolf）、拖曳傘（Para soaring）、海釣（deep sea fishing）、動力橡皮艇（motorized robber boating）、獨木舟（canoeing）、游泳（swimming）、香蕉船（banana ship）、踏浪（walking with wave）、玻璃船（glass-boat）及輕艇（kayak）等。因此在上述的種種分類中，將活動項目整理出偏向運動類的水域休閒運動的內容，可以由**圖14-1**中得到比較明確的分類。

二、水域休閒運動產業的組成

　　台灣水域休閒運動的種類繁多，各種不同的水域休閒運動在實際參與或體驗時都必須使用不同的場地、設備、服裝或器材，除此之外，有

許多具有特色的水域休閒運動景點，例如：墾丁的浮潛、海上活動；澎湖的風浪板、獨木舟；綠島的浮潛；屏東和花蓮的泛舟，都帶動了當地的就業機會與經濟產值，而周邊關聯所產生的觀光旅遊經濟價值更是無法計算。不過整體而言，目前台灣水域休閒運動產業仍然以參與性運動服務業為最大宗，包括游泳池、海水浴場、潛水訓練及泛舟活動的服務性質的運動產業，尤其是游泳教學為最主要市場。但也顯示水域運動產業都集中在游泳相關產業，範圍過於狹隘不夠多元化，這也意味著還有許多水域休閒運動的相關產業可以開發經營。

事實上，台灣可以發展水域休閒運動的地點普及，活動的項目多樣化，可供給相當多元的選擇，滿足不同族群的消費需求，凡是從事水域休閒運動相關的產業包括：參與性運動服務業、水域運動用品製造業與販售業、運動設施營建業，均為水域休閒運動產業之範圍，除此之外，也包括水域休閒運動的消費者、主管機關和專業人力資源的培育機構，共同組成了水域休閒運動產業。以下就水域運動產業各種組成要素加以論述之。

(一)參與性的水域運動服務業

指的是提供一般民眾參與水域休閒運動的服務者，包含各項水域休閒活動的訓練課程或是體驗課程，以及民眾參與過程中所需的各項軟硬體的服務，包含了游泳池、海水浴場、泛舟、浮潛等供應商，例如：提供溯溪、獨木舟、衝浪等訓練和體驗課程的服務商。

(二)水域運動用品製造商

包含民眾參與各項水域休閒運動時所需的儀器設備製造、批發、零售或是進出口商，包含其主要的設備和周邊的設備等，例如：提供獨木舟、衝浪板等水域活動用品的製造商或進出口商等。

(三)水域休閒運動的主管機關

　　包含體育署、各縣市政府以及各級學校等水域休閒運動的管理與推展單位，可以藉由各項活動的辦理，來推展各項水域休閒運動，藉由運動人口的增加，促使水域運動產業的蓬勃發展。

(四)相關民間團體

　　包含水域休閒運動的各單項協會以及各俱樂部，透過民間團體的推廣以及民眾的參與，來促進水域運動產業的發展。

(五)專業人力資源培育機構

　　國內有關體育運動休閒相關科系所相當多，為水域運動產業培育了相當多經營管理與指導人才，有些學校更單獨設立水上運動學系，可以為水域休閒運動產業界培育相當多的專業人力資源，這些人更可以作為推展水域休閒運動產業的生力軍。

(六)水域休閒運動消費者

　　消費者是產業發展的基本，因為越多人參與或體驗水域休閒運動，產業才會蓬勃發展，消費者可以藉由旅遊或觀光的形式，來參與各種不同的訓練課程或體驗課程。

　　綜上所述，台灣的水域休閒運動產業結構便是由以上六個項目所組成，目前產業發展的狀況可以發現各個項目都還有努力和發展的空間，例如：政府機構應該整合各行政部門的資源，學校單位應該加強親水教育，產業界則應提升服務的專業與品質，唯有上述六個項目能互相配合，水域運動產業方能蓬勃發展。

 研習資訊　水域運動研習會

體育署為發展水域休閒運動，結合觀光旅遊市場，發展水域運動產業，因此配合前瞻基礎建設計畫的子計畫「改善水域運動環境」，興（整）建相關基礎設施，針對帆船、輕艇、西式划船、衝浪等水域運動，補助縣市政府改善相關基礎設施，如複合式艇庫、浮動碼頭、盥洗室、廁所等，希望帶動水域運動風氣、整合運動觀光等功能，展現台灣身為海洋國家的環境特色。除了硬體建設的改善外，各活動場域設施軟硬體服務水準的提升，包含：設施維護、使用管理、活動推廣、教學指導等，皆為相當重要之環節。因此體育署每年皆規劃水域運動研習會，邀請各縣市政府負責水域運動相關業務主管、承辦人員；實際從事水域運動訓練、教學及設施管理人員以及民間體育團體，包含水域運動協會（委員會）或業者等參加研習。108年的研習地點在高雄蓮潭國際會館及蓮池潭，課程主題包括：水域運動選手培訓與訓練實務介紹、實際體驗水域運動、衝浪運動簡介與發展探討以及國訓中心參訪。109年的水域運動研習會由台灣體育運動管理學會承辦，中角灣國際衝浪基地協辦，課程分為室內課程與體驗活動，內容主題包括：國際水域運動新潮流、獨木舟活動推廣實務、水域活動規劃實務經驗分享以及SUP教學課程、中角灣基地介紹、開放水域安全教育。因此有興趣從事水域運動產業的相關人員，可以留意體育署的最新訊息，報名參加水域運動研習會。

第二節　水域休閒運動政策與活動推展之現況

台灣的水域休閒運動發展主要的動力是由於資訊的發達、經濟的繁榮，使得國人對於水域活動有更深更廣的認識，參與水上運動的意願及興趣大為提高，然而任何一項產業的發展，行政機關的推動都是最大的助力，近年來無論體育署、教育部、交通部觀光局及內政部等單位都十分積極的推動水域休閒運動，希望藉由水域運動的推廣協助國人獲得健康快樂的身心，提升全民的生活素質和生命品質。

然而過去水域運動推廣最大的阻礙為親水教育未落實，導致民眾

對於水域安全的認識不足，根據2018年行政院主計總處和教育部體育署針對國人和學生溺水死亡人數統計，近十年溺水平均死亡人數為386人，其中學生溺水平均死亡人數為39人，占全國溺水死亡的9.89%（許瓊云，2019）。教育部體育署分析2017年和2018年學生溺水事件發現，學生發生溺水事件主要場域是海、溪、河流，參與活動的類型以自行結伴出遊的戲水行為占多數。為避免學生溺水事件不斷發生，因此教育部從2000年起就陸續推動提升學生游泳能力及校園水域運動發展計畫、建置水域安全網、水域安全宣導及游泳師資增能及游泳守望員制度等措施（莊鑫裕，2017），除此之外，自108學年起即施行新課綱，其中健康與體育領域已明訂游泳能力指標，教學內容除了基礎游泳與自救技能外，還增列水域安全知能。

而根據行政院海岸巡防署（以下簡稱行政院海巡署）從各縣市所提供資料之危險海域共257處中，評估出最易發生海難之十大海域，公布台灣十大危險海域，其涵蓋台灣北、中、南、東部地區，可提供相關各級單位作為管理水域與水域休閒活動業者參考（如**表14-3**）。

表14-3 台灣最易發生海難之十大海域

地區	縣市	危險海域	認定標準
北部地區	新北市	石門白沙灣海域	漲退潮差大、海洋拉力大
		三貂角萊萊磯釣場海域	潮水易急速外流
	基隆市	和平島海域	潮流、海底落差大
		外木山海域	強勁渦流、海底落差大
中部地區	台中市	清水北防波堤	海域易有大浪
	彰化縣	王功漁港至新寶溪出海口海域	漲退潮差大
南部地區	台南市	安平港南堤四鯤鯓海域	有暗流
	高雄市	旗津海岸公園海域	流場複雜、沙岸陡降
	屏東縣	香蕉灣海域	漲退潮差大
東部地區	花蓮縣	七星潭海域	海底落差大、暗流、瘋狗浪

教育部體育署為擴展學生水域運動體驗學習機會，培養學生游泳能力，提升學生水中安全認知及自救能力，促進學生將水域運動列為終生運動之選擇，積極規劃推動海洋教育政策及水域運動體驗活動，落實海洋國家概念，培育水域運動專業人才，因此在政策上也持續地推展，其中最重要的政策就是「教育部體育署補助推動學校游泳及水域運動實施要點」，補助活動範圍包括：

1.水域運動觀摩及研討（習）。

2.區域性水域體驗推廣活動。

3.充實與更新水域運動體驗場地及設備。

4.學生游泳體驗（營）。

其中水域體驗推廣活動及水域運動，其項目包括風浪板、獨木舟、浮潛、輕艇、輕艇水球、水肺潛水、衝浪、溯溪、帆船、西式划船、水上芭蕾、水球、蹼泳、跳水及其他新興水域運動。

除此之外，就教育部體育署所推動有關水域休閒運動的政策作說明，也整理了其他部會相關的法規，提供讀者參考。

一、體育署補助推動學校游泳及水域運動實施要點（表14-4）

表14-4　教育部體育署補助推動學校游泳及水域運動實施要點摘要

教育部體育署補助推動學校游泳及水域運動實施要點
修正日期：民國107年12月27日
一、教育部體育署（以下簡稱本署）為擴展學生水域運動體驗學習機會，培養學生游泳能力，以提升學生水中安全認知及自救能力，促進學生將水域運動列為終生運動之選擇，特訂定本要點。 二、申請單位 　(一)直轄市、縣（市）政府。 　(二)教育部主管公私立大專校院以下各級學校。 三、補助活動範圍 　(一)游泳或水域運動觀摩及研討（習）。 　(二)區域性水域運動體驗推廣活動。

（續）表14-4　教育部體育署補助推動學校游泳及水域運動實施要點摘要

　　　(三)充實與更新水域運動體驗場地及設備。
　　　(四)學生游泳課程及體驗活動。
四、本要點所定水域運動，其項目包括風浪板、獨木舟、潛水、輕艇、輕艇水球、衝
　　浪、帆船、划船、水上芭蕾、水球、蹼泳、水上安全救生及其他水域運動。
五、補助對象、計畫額度及實施內容
　　(一)游泳或水域運動觀摩及研討（習）
　　　1.補助對象：發展游泳或水域運動具有特色，或具游泳或水域運動相關系
　　　　科、社團之學校。
　　　2.計畫額度：每一計畫之核定計畫額度上限以新台幣二十萬元為原則。
　　　3.實施內容：辦理游泳或水域運動休閒相關論壇或研討會，其活動內容應包
　　　　含教學觀摩及研習等，且參加對象應以從事游泳或水域運動教育之各級學
　　　　校教師為主。
　　(二)區域性水域運動體驗推廣活動
　　　1.補助對象：
　　　　(1)各級學校具有下列條件之一者：
　　　　　A.具有水域運動相關系科，以及水域特色文化。
　　　　　B.辦理水域運動具有績效，或學校已發展成為區域水域運動推廣中心。
　　　　　C.具備水域運動場地、推廣經驗、合格師資、或與專業團體密切合作。
　　　　　D.地理環境適合發展水域運動之學校。
　　　　(2)具第一目第二小目條件者優先補助。
　　　2.計畫額度：每一計畫之核定計畫額度上限以新台幣三十萬元為原則。
　　　3.實施內容：
　　　　(1)活動內容
　　　　　A.辦理學生水域運動體驗營隊或活動。
　　　　　B.辦理學生水域運動競賽。
　　　　　C.辦理水域運動種子教師培訓班。
　　　　(2)活動內容應包括水中安全認知及自救能力課程。
　　　4.參加對象為單一學校師生者，不予補助。
　　(三)充實與更新水域運動體驗場地及設備
　　　1.補助對象
　　　　(1)各級學校具有下列條件之一，且同時申請補助辦理前款區域性水域運動
　　　　　體驗推廣活動者：
　　　　　A.具有水域運動相關系科，以及水域特色文化。
　　　　　B.辦理水域運動具有績效，或學校已發展成為區域水域運動推廣中心。
　　　　　C.具備水域運動場地、推廣經驗、合格師資、或與專業團體密切合作。
　　　　　D.地理環境適合發展水域運動之學校。
　　　　(2)具第一目第四小目條件者優先補助。
　　　2.計畫額度：每一計畫之核定計畫額度上限以新台幣八十萬元為原則。
　　　3.實施內容：購買辦理前款區域性水域運動體驗推廣活動所需之器材及設
　　　　備。

（續）表14-4　教育部體育署補助推動學校游泳及水域運動實施要點摘要

> (四)學生游泳課程及體驗活動
>> 1.補助對象：直轄市、縣（市）政府及其所屬學校、教育部主管公私立高級中等以下學校。
>> 2.計畫額度：依本署年度預算編列情形調整。
>> 3.實施內容：
>>> (1)直轄市、縣（市）政府得就包括游泳池資源、游泳師資、交通車或救生員等公私立游泳池項目，進行整合，實施正式課程游泳教學。
>>> (2)應包括水域安全及自救能力課程。
>>> (3)得依區域游泳池資源情況，於正式課程、課後、週休二日或寒暑假辦理，並鼓勵以游泳訓練營方式辦理。

二、其他部會政令法規

　　為配合政府推動海洋運動，行政院各部會已針對諸多水域活動場所的規定加以鬆綁，包括交通部、內政部、農委會、經濟部等在可行範圍內修改法令以滿足國人需要，以下將中央政府各部會及地方政府對水域休閒活動的相關法令整理如**表14-5**。

表14-5　中央政府訂定與水域活動有關之法規

公布單位	法規名稱	公布時間
交通部	水翼船管理規則	69/6/13公布，101/10/30修正
交通部	小船管理規則	52/10/16公布，109/2/7修正
交通部	觀光遊樂業管理規則	91/12/30公布，106/1/20修正
交通部	發展觀光條例	58/7/30公布，108/6/19修正
交通部	小船船員管理規則	92/6/16公布，109/11/23修正
交通部	水域遊憩活動管理辦法	93/2/11公布，110/9/2修正
內政部	國家公園法	61/6/13公布，99/12/8修正
內政部	國家公園法施行細則	71/7/8公布，72/6/2修正
內政部	船舶法	19/12/4公布，107/11/28修正
內政部	漁港法施行細則	81/11/30公布，108/10/17修正

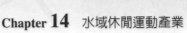

（續）表14-5　中央政府訂定與水域活動有關之法規

公布單位	法規名稱	公布時間
內政部	海岸巡防法	89/1/26公布，108/6/21修正
內政部	離島建設條例施行細則	90/4/24
內政部	離島建設條例	89/4/5公布，108/5/22修正
內政部	風景特定區管理規則	68/12/1公布，106/12/15修正
內政部	漁港法	81/1/31公布，95/1/27修正
環保署	環境影響評估法	83/12/30公布，92/1/8修正
環保署	環境影響評估法施行細則	84/10/25公布，107/4/11修正
農委會	娛樂漁業管理辦法	82/5/26公布，110/2/2修正
經濟部	河川管理辦法	91/5/29公布，110/2/17修正
經濟部	河川區域內申請施設休閒遊憩使用審核要點	93/7/28

　　上述政府部門的政策或是法規條例，都會影響水域運動產業的發展，因此可見水域運動產業的發展必須與產官學界建立共識或者有共同的推展機制，整合彼此的資源，才能提供消費者最大的服務成效。

 第三節　水域休閒運動與產業發展現況

　　由於近年來政府積極的推動水域休閒運動，加上人們對休閒運動的需求增加，因此許多的水域休閒運動都有固定的專業組織和運動人口，事實上從事水域休閒活動的業者數其實相當多，只要自然環境與天然資源能夠配合，周邊自然就會產生許多服務的業者，例如秀姑巒溪或是荖濃溪的周邊一定有許多泛舟業者，綠島、墾丁或澎湖也一定有浮潛業者，以下列舉幾項不同水域休閒運動的業者來說明其公司的簡介以及相關的產品與服務（表14-6）。

運動產業概論

表14-6　水域休閒運動產業簡介與服務

企業名稱／網址	公司簡介	產品與服務
阿飛衝浪旅店 http://www.afei.com.tw	經營巴里島風格的民宿，也有自己的專屬衝浪品牌，墾丁大街上還有「阿飛彩繪紋身」的攤位，除此之外，「阿飛衝浪店」販售各種海灘衣飾和衝浪配件。	1.衝浪旅店。 2.衝浪教學。 3.彩繪紋身。 4.衝浪品牌周邊商品。
舟遊天下公司 http://www.kayak.com.tw	從俱樂部經營開始，到創立舟遊天下有限公司，進而成立專屬獨木舟基地，秉持保護環境、永續發展的理念，推展獨木舟活動。	1.裝備器材銷售諮詢。 2.活動課程規劃執行。 3.專屬基地活動訓練。
向上泛舟育樂公司 http://www.iria.tw	向上泛舟育樂公司自民國70年成立，秉持著專業與熱忱，提供更全能服務，除此之外更在泛舟裝備方面研究開發，著重服務、品質、安全、設施和用心的培訓水上救生人員，讓遊客能夠安心的挑戰泛舟活動。	1.激流泛舟。 2.遊艇覽景。 3.溯溪尋寶。 4.旅遊住宿。 5.出海賞鯨。 6.租車旅遊。
沙蛙溯溪 http://www.shawatw.com	沙蛙溯溪是專業溯溪，不同於便宜的低價溯溪團，堅持高比例的溯溪教練／學員比，以及提供每位學員上萬元專業級全套溯溪裝備。	1.溯溪體驗行程規劃。 2.攀岩體驗訓練課程。 3.水上救生課程。
光合作用戶外探索學校 http://www.outdoor-taiwan.com/outdoor-taiwan/pages/main.html	光合作用戶外探索學校成立於2004年，透過無動力的戶外冒險元素，與參與者分享我們在戶外的感動；以體驗教育的精神，讓參與者在探索大地的歷程中，傾聽自然同時面對自己內在的聲音。	1.攀岩爬樹。 2.獨木舟體驗訓練課程。 3.自行車體驗旅行。 4.登山健行。 5.各項體驗營挑戰營。

水域運動產業個案分析　　*舟遊天下公司*

　　舟遊天下公司創立於民國92年，初期是一群資深戶外玩家所組成的專業團隊，以獨木舟生態旅行的方式遊遍天下，而近年來隨著水域休閒運動產業的蓬勃發展，加上政府極力推動水域休閒運動的政策，一葉扁舟，享受水上任遨遊的自在，便成為一種特殊奢華的享受，舟遊天下公司就是在這樣的產業發展背景下所創立，公司的型態也由業餘的玩家轉變成為專業的商業服務團隊，公司的產品與服務包括提供獨木舟及周邊專業器材的進口和採購諮詢、獨木舟課程體驗和專業訓練研習、國內外獨木舟旅遊規劃和生態導覽、手工格陵蘭式獨木舟訂製收藏等。

　　舟遊天下公司目前所有同仁都是經驗豐富、熱誠風趣的獨木舟專業嚮導，公司組織架構主要分為：(1)業務部；(2)財務部；(3)行政部；(4)行銷企劃部。除此之外，另有兩個重要的附屬單位，一是位於新北市福隆地區的獨木舟訓練基地，主要的設施與服務包括教學訓練中心、學員宿舍、露營場地、游泳池、艇庫、停車場；第二個附屬的特色單位則是國內唯一手工格陵蘭式造船廠，提供人們親手打造一艘屬於自己的船，公司也曾在北海岸造船廠成立後，特別從加拿大聘請造船師父來台傳授技藝。

　　在公司的經營方向，舟遊天下公司致力於推展水域休閒運動的參與人口，因此積極的配合政府各部會推動水域休閒運動政策，包括協助規劃辦理教育部、體委會、觀光局所委託的水域活動，同時也和專業人力資源培育機構進行合作與交流，如國立台灣體育大學、國立台東大學等進行建教合作和產學合作，辦理各項輔導研習和專業訓練，並提供學生參訪與實習，此外也和相關休閒運動產業如台灣山岳雜誌、小鬍子冒險學校、台灣戶外探索學校、雙向國際旅遊等公司進行策略聯盟，提高企業的知名度，來開拓更大的目標市場。

　　未來舟遊天下公司面對的挑戰包括如何拓展事業版圖、企業的願景與定位策略、產品與服務的創新和行銷策略、教育訓練課程的設計與規劃問題，不過近年來政府大力推展水域休閒運動，獨木舟的特性因其容易親近上手，因此參與體驗的人口將有極大的發展潛力，顯示未來水域休閒運動產業仍有極大的發展空間與市場。

資料來源：作者整理。

運動產業概論

結　語

　　台灣運動產業的發展仍在起步階段，廣大民眾都瞭解運動的重要性，但是未必都可以將運動需要轉換成運動需求，運動產業的從業人員正是要朝著這個方向努力，水域休閒運動在歐洲、美國、澳洲、紐西蘭甚至鄰近的東南亞國家，都有許多成功的發展經驗可以參考，事實上台灣是一個海島型的海洋國家，四面環海，溪流湖泊與水庫眾多，擁有發展水域休閒運動的優勢與天然資源，同時近年來政府在推動台灣觀光產業，對於水域休閒運動的推展政策也相當重視，國內水域休閒運動在交通部觀光局、教育部體育署及相關大專院校專業系所與民間企業組織全力推動下，海洋及水域休閒運動已列為國家長遠發展計畫，尤其以衝浪、獨木舟、帆船、風浪板、潛水、游泳、賞鯨豚等海洋遊憩活動最為熱門，也顯示了台灣擁有發展海洋及水域休閒運動的高度潛力。

　　此外，台灣水域休閒運動製造業的品質與數量執世界之牛耳，加上民眾逐漸重視運動休閒生活，若政府政策能持續推展水域休閒運動，整合相關資源，將可活絡水域休閒產業，更進而帶動整體運動產業的發展，尤其是透過政府廣泛推動校園游泳運動的政策，使得水域休閒參與人口勢必增加，更可望創造龐大的潛在商機。不過由本章的探討亦可發現產業的發展是必須透過產官學共同合作才能蓬勃發展，政府必須制定發展政策來推動水域休閒活動，學術界應該培育專業的人力資源以及研發創新的水域休閒運動產品與服務，產業界則需提供專業高品質的服務給予消費者，透過產官學界的策略聯盟，相信未來台灣的水域休閒運動產業必然可以為台灣的民眾提供更高品質的休閒生活，同時也可以透過產業的發展帶動台灣經濟，帶動更多相關產業的發展。

問題與討論

一、近年來人們逐漸的重視休閒生活與運動,因此有越來越多人開始體驗水域活動,你認為有哪些水域休閒運動產業具有較大的發展潛力?

二、你認為水域休閒運動產業的發展需要哪些產業結構來組成?哪一個產業結構扮演比較重要的角色?

三、台灣是一個海洋國家,因此政府目前正大力的推動海洋運動,你覺得政府推動的成效如何?有哪些是需要改進和努力的地方?

四、如果你要選擇從事一項水域休閒運動產業,你會選擇哪一種水域休閒運動,分析並說明它的發展潛力如何?

參 考 文 獻

大鵬灣管理處(1998)。「大鵬灣國家風景區水域活動規劃及經營管理規範」。屏東:大鵬灣管理處。

康正男、吳明翰(2019)。〈開放水域危險因子之評估機制〉。《國民體育季刊》,198,19-22。

莊鑫裕(2017)。〈從十二年國教談海洋休閒的水域安全〉。《學校體育》,160,86-95。

許瓊云(2019)。〈水域安全防治──現況與評析〉。《我國學生水域安全防治策略論壇手冊》。

黃坤得、黃瓊慧(2000)。〈水上休閒運動之初探〉。《台灣體育》,109,15-18。

Dearden, P. (1990). Pacific Coast Recreational Patterns & Activities in Canada.

In P. Fabbri (ed.), *Recreational Uses of Coastal Areas* (pp.111-123). Kluwer Academic.

運動休閒系列 3

運動產業概論

作　　者／蘇維杉
出 版 者／揚智文化事業股份有限公司
發 行 人／葉忠賢
總 編 輯／閻富萍
特約執編／鄭美珠
地　　址／新北市深坑區北深路三段 258 號 8 樓
電　　話／(02)8662-6826
傳　　真／(02)2664-7633
網　　址／http://www.ycrc.com.tw
 E-mail ／ service@ycrc.com.tw
 I S B N ／ 978-986-298-390-4
初版一刷／2007 年 7 月
二版一刷／2015 年 2 月
三版一刷／2022 年 5 月
定　　價／新台幣 450 元

國家圖書館出版品預行編目（CIP）資料

運動產業概論 ＝ Introduction of sports industry／蘇維杉著. -- 三版. -- 新北市：揚智文化事業股份有限公司, 2022.05
面； 公分（運動休閒系列 ; 3）

ISBN 978-986-298-390-4（平裝）

1. CST: 運動產業

479.2   111002402